工程造价轻课系列(互联网＋版)

造价经验提升篇　做报价　有技巧

鸿图教育　主　编

清华大学出版社
北京

内 容 简 介

本书以国家和住房建设部颁布的《建设工程工程量清单计价规范》(GB 50500—2013)、《房屋建筑与装饰工程工程量计算规范》(GB 50854—2013)、《河南省房屋建筑与装饰工程预算定额》(HA 01—31—2016)上册、《河南省房屋建筑与装饰工程预算定额》(HA 01—31—2016)下册为依据，以某五层办公楼的工程量为依托，并结合相关的注意事项，分别进行工程量清单、招标控制价、投标报价、竣工结算等报表的填写，强化清单的相关内容。本书在一定程度上具有总结和经验分享的作用。不论是对于刚入门的学员还是已经工作的预算人员，预结算与决算都是做工程不可或缺的一部分。

本书的主要内容包括建设工程造价的一般规定、建设工程计价的一般规定、工程量清单的编制、招标控制价、投标报价、竣工结算与支付、合同价款、单价合同与总价合同的相关知识，以及对某五层办公楼进行招标控制价、投标报价、竣工结算书的实例编制。

本书适合作为工程造价、工程管理、房地产管理与开发、建筑工程技术、工程经济等专业的教学用书，也可以作为造价人员自学的首选书籍，还可供结构设计人员、施工技术人员、工程监理人员等参考使用。

本书封面贴有清华大学出版社防伪标签，无标签者不得销售。

版权所有，侵权必究。举报：010-62782989，beiqinquan@tup.tsinghua.edu.cn。

图书在版编目(CIP)数据

造价经验提升篇　做报价　有技巧/鸿图教育主编. —北京：清华大学出版社，2018（2021.12 重印）
(工程造价轻课系列(互联网+版))
ISBN 978-7-302-50158-9

Ⅰ.①造…　Ⅱ.①鸿…　Ⅲ.①建筑造价　Ⅳ.①TU723.3

中国版本图书馆 CIP 数据核字(2018)第 112442 号

责任编辑：桑任松
封面设计：李　坤
责任校对：李玉茹
责任印制：刘海龙
出版发行：清华大学出版社
　　　　　网　　址：http://www.tup.com.cn, http://www.wqbook.com
　　　　　地　　址：北京清华大学学研大厦 A 座　　　　邮　　编：100084
　　　　　社 总 机：010-62770175　　　　　　　　　　邮　　购：010-62786544
　　　　　投稿与读者服务：010-62776969, c-service@tup.tsinghua.edu.cn
　　　　　质量反馈：010-62772015, zhiliang@tup.tsinghua.edu.cn
　　　　　课件下载：http://www.tup.com.cn, 010-62791865
印 装 者：北京鑫海金澳胶印有限公司
经　　销：全国新华书店
开　　本：185mm×230mm　　　印　张：13.75　　　字　　数：334 千字
版　　次：2018 年 7 月第 1 版　　　　　　　　　　印　次：2021 年 12 月第 7 次印刷
定　　价：45.00 元

产品编号：077112-01

前 言

工程造价轻课堂系列丛书主要包括 3 本书，第 1 本为基础入门篇，第 2 本为实战操作篇，这两本书分别从基础入门和动手操作上进行了详细的讲解。通过对这两本书的学习，读者可以掌握预算以及电算的操作，接下来就是如何编制清单和如何套用定额以及相应的投标报价等一系列相关问题。

《造价经验提升篇　做报价　有技巧》作为工程造价轻课堂系列的压轴书，以国家和住房建设部颁布的《建设工程工程量清单计价规范》(GB 50500—2013)、《房屋建筑与装饰工程工程量计算规范》(GB 50854—2013)、《河南省房屋建筑与装饰工程预算定额》(HA 01—31—2016)上册、《河南省房屋建筑与装饰工程预算定额》(HA 01—31—2016)下册为依据，以某五层办公楼的工程量为依托，在工程量清单、招标控制价、投标报价、竣工结算等的填写以及相关注意事项上进行了详细的讲解，在一定程度上本书具有总结和经验分享的作用。同时，书中的配套资源讲解，分别对工程量的导出以及编制技巧和方法进行了汇总讲解，以期尽可能为读者提供完美的预算学习体系。

本书与同类书相比具有以下显著特点。

(1) 以实战操作的某五层办公楼工程量为依托，形成体系，在有限的时间内让读者的学习效率事半功倍。

(2) 结合清单规范和最新定额，迎合发展趋势。

(3) 知识点分门别类，内容全面。

(4) 工程计价表格集中整理，便于对比学习。

(5) 大量的配套图片、录音、音频与讲解等以二维码的形式给出，展现从工程量清单到竣工结算的一系列编制方法、技巧等，直观形象、真实性强。

本书由鸿图教育主编，由黄华和杨霖华担任总策划，由赵小云、李壮文和刘瀚担任副主编，其中本书的第 1 章由杨恒博和李颖负责编写，第 2 章由李壮文负责编写，第 3 章由朱志航负责编写，第 4 章由孙艳涛和赵小云负责编写，第 5 章由杜炳辉和何长江负责编写，第 6 章由朱志航负责编写，第 7 章由黄华和朱志航负责编写，第 8 章由杨霖华负责编写，第 9 章由李胜东和刘瀚负责编写，全书由杨霖华和刘瀚负责统稿。

在本书的编写过程中，得到了许多同行的支持与帮助，在此表示感谢。由于编者水平有限，书中难免有错误和不妥之处，望广大读者批评指正。如有疑问，可发邮件至 zjyjr1503@163.com 或申请加入 QQ 群 465893167 与编者联系，同时也欢迎关注微信公众号"鸿图造价"反馈问题。

编　者

目　录

第1章 给建设工程造价"拍个X片"

工程造价专业可从事
什么工作.mp3

1.1　"透析"建设工程造价的内部构造

1.1.1　灯光下的建设工程造价如何解释

建设工程造价是指工程的建设价格。这里所说的工程，它的范围和内涵具有很大的不确定性。其含义有以下两种。

第一种含义：是指进行某项工程建设花费的全部费用，即该工程项目有计划地进行固定资产再生产，形成相应无形资产和铺底流动资金的一次性费用的总和。很明显，这一含义是从业主的角度来定义的。投资者选定一个投资项目后，就要通过项目评估进行决策，然后进行

建设工程造价的概念.mp3

设计招标、工程招标，直至竣工验收等一系列投资管理活动。在投资活动中所支付的全部费用形成了固定资产和无形资产。所有这些开支就构成了建设工程造价。从这个意义上说，建设工程造价就是建设项目固定资产投资。

第二种含义：是指工程价格，即为建成一项工程，预计或实际在土地市场、设备市场、技术劳务市场以及承包市场等交易活动中所形成的建筑安装工程的价格和建设工程总价格。显然，建设工程

零基础入门怎么学造价.mp3

造价的第二种含义是以社会主义商品经济和市场经济为前提的，它以工程这种特定的商品形式作为交换对象，通过招投标、承发包或其他交易形式，在进行多次预估的基础上，最终由市场形成价格。通常把建设工程造价的第二种含义认定为工程承发包价格。

建设工程造价的两种含义是从不同角度把握同一事物的本质。以建设工程的投资者来说，建设工程造价就是项目投资，是"购买"项目付出的价格，同时也是投资者在作为市场供给主体时"出售"项目时定价的基础。对于承包商来说，建设工程造价是他们作为市场供给主体出售商品和劳务的价格的总和，或是特定范围的建设工程造价，如建筑安装工程造价。

1.1.2　建设工程造价有哪些"亮点"

1. 建设工程造价的大额性

建设工程不仅实物体型庞大，而且造价高昂，动辄数百万元，特大的工程项目造价可达数百亿上千亿元人民币。建设工程造价的大额性不仅关系到有关各方面的重大经济利益，同时也对宏观经济产生重大影响。这就决定了建设工程造价的特殊地位，也说明了造价管

理的重要性。

2. 建设工程造价的个别性和差异性

任何一项建设工程都有特定的用途、功能和规模，因此对每一项工程的结构、造型、工艺设备、建筑材料和内外装饰等都有具体的要求，这就使建筑工程的实物形态千差万别。再加上不同地区构成投资费用的各种价值要素的差异，最终导致建设工程造价的个别性差异。

3. 建设工程造价的动态性

在经济发展的过程中，价格是动态的，是不断发生变化的。任意一项工程从投资决策到交付使用，都有一个较长的建设时期，在这期间，许多影响建设工程造价的动态因素，如工资标准、设备材料价格、费率、利率等都会发生变化，而这种变化势必影响到造价的变动。所以，有必要在竣工结算中考虑动态因素，以确定工程的实际造价。

4. 建设工程造价的层次性

工程的层次性决定了造价的层次性。一个工程项目(如学校)往往由许多单项工程(如教学楼、办公楼、宿舍楼等)构成。一个单项工程又由多个单位工程(如土建、电气安装工程等)组成。与此相对应，建设工程造价有三个层次：建设项目总造价、单项工程造价和单位工程造价。

5. 建设工程造价的兼容性

造价的兼容性首先表现在它具有的两种含义，其次表现在造价构成因素的广泛性和复杂性。

1.2 "拍工程 X 片"需要"money"

建设工程费用由直接费、间接费、利润和税金组成。

1. 直接费

直接费是由直接工程费和措施费组成。

1) 直接工程费

直接工程费是指施工过程中耗费的构成工程实体的各项费用，包括人工费、材料费、施工机械使用费。

建设工程费.mp3

3

(1) 人工费：是指直接从事建筑安装工程施工的生产工人和附属生产单位工人的各项费用，包括以下几项。

① 基本工资：是指发放给生产工人的基本工资。

② 工资性津贴：是指按规定标准发放的物价补贴，煤、燃气补贴，交通补贴，住房补贴，流动施工津贴等。

③ 生产工人辅助工资：是指生产工人年有效施工天数以外非作业天数的工资，包括职工学习、培训期间的工资，调动工作、探亲、休假期间的工资，因气候影响的停工工资，女工哺乳期间的工资，病假在六个月以内的工资及产、婚、丧假期间的工资。

④ 职工福利费：是指按规定标准计提的职工福利费。

⑤ 生产工人劳动保护费：是指按规定标准发放的劳动保护用品的购置费及修理费、徒工服装补贴、防暑降温费、在有碍身体健康环境中施工的保健费等。

(2) 材料费：是指施工过程中耗费的构成工程实体的原材料、辅助材料、构配件、零件半成品的费用，包括以下几项。

① 材料原价(或供应价格)。

② 材料运杂费：是指材料自来源地运至工地仓库或指定堆放地点所发生的全部费用。

③ 运输损耗费：是指材料在运输装卸过程中不可避免的损耗。

④ 采购及保管费：是指为组织采购、供应和保管材料过程中需要的各项费用，包括采购费、仓储费、工地保管费、仓储损耗。

⑤ 检验试验费：是指对原材料、辅助材料、构配件、零件、半成品进行鉴定、检查所发生的费用(2008 年各专业计价定额的材料费中未含该费用)。

(3) 施工机械使用费：是指施工机械作业所发生的机械使用费及机械安拆费和场外运输费。

施工机械台班单价由下列七项费用组成。

① 折旧费：是指施工机械在规定的使用年限内，陆续收回其原值及购置资金的时间价值。

② 大修理费：是指施工机械按规定的大修理间隔台班进行必要的大修理费，以及恢复其正常功能所需的费用。

③ 经常修理费：是指施工机械除大修理以外的各级保养和临时故障排除所需的费用，包括为保障机械正常运转所需替换设备与随机配备工具附具的摊销和维护费用，机械运转中日常保养所需润滑与材料费用及机械停滞期间的维护和保养费用等。

④ 安拆费及场外运输费：安拆费是指施工机械在现场进行安装与拆卸所需的人工、材料、机械和试运转费用以及机械辅助设施的折旧、搭设、拆除等费用；场外运输费是指施

工机械整体或分体自停放地点运至施工现场或由一施工地点运至另一施工地点的运输、装卸、辅助材料及架线等费用(计价定额中已列安拆和场外运输项目的除外)。

⑤ 人工费:是指机上司机(司炉)和其他操作人员的工资。

⑥ 燃料动力费:是指施工机械在运转作业中所消耗的固体燃料(如煤、木柴)、液体燃料(如汽油、柴油)及水、电等费用。

⑦ 养路费及车船使用税:是指施工机械按照国家规定和有关部门规定应缴纳的养路费、车船使用税、保险费及年检费等。

2) 措施费

措施费是指在施工过程中耗费的非工程实体的措施项目及可以计量的补充措施项目的费用,包括以下几项。

(1) 大型机械设备进出场及安拆费:是指计价定额列项中的大型机械设备进出场及安拆费。

(2) 混凝土、钢筋混凝土模板及支架费:是指混凝土施工过程中需要的各种钢模板、木模板、支架等安、拆、运输费用及模板、支架的费用。

(3) 脚手架费:是指施工需要的各种脚手架搭、拆、运输费用。

(4) 垂直运输费。

(5) 施工排水及井点降水。

(6) 桩架 90°调面及移动。

(7) 其他项目。

3) 措施项目费

措施项目费是指计价定额中规定的措施项目中不包括的且不可计量的,为完成工程项目施工,发生于该工程施工前和施工过程中非工程实体项目的费用。

4) 安全文明施工措施费

(1) 文明施工与环境保护费:是指施工现场设立的安全警示标志、现场围挡、五板一图、企业标志、场容场貌、材料堆放现场防火等所需要的各项费用。

(2) 安全施工费:是指施工现场通道防护、预留洞口防护、电梯井口防护、楼梯边防护等安全施工所需要的各项费用。

(3) 临时设施费:是指施工企业为进行建筑工程施工所必须搭设的生活和生产用的临时建筑物、构筑物和其他临时设施费用等,包括临时宿舍、文化福利及公用事业房屋与构筑设备;仓库、办公室、加工厂以及规定范围内的道路、水、电、管线等临时设施和小型临时设施的搭设、维修、拆除费或摊销费。

5) 其他措施项目费

(1) 夜间施工增加费:是指因夜间施工所发生的夜班补助费、夜间施工降效、夜间施工照明设备摊销及照明用电等费用。

(2) 二次搬运费：是指因施工场地狭小等特殊情况而发生的二次搬运费用。

(3) 已完工程及设备保护费：是指竣工验收前，对已完工程及设备进行保护所需费用。

(4) 市政工程施工干扰费：市政工程施工中发生的边施工边维护交通及车辆、行人干扰等所发生的防护和保护措施费。

(5) 冬雨季施工费。

冬季施工费是指连续三天气温在 5℃以下环境中施工所发生的费用，包括人工机械降效、除雪、水砂石加热、混凝土保温覆盖发生的费用。

雨季施工费：是指雨季施工的人机降效、以及采取的防汛工作面排雨水等措施发生的费用。

上述内容未包括在工程实施过程中发生的措施费用。

2. 间接费

间接费是指不能直接计入产品生产成本的费用。间接费由企业管理费和规费组成。

1) 企业管理费

企业管理费是指建筑安装企业组织施工生产和经营管理所需费用。其费用内容包括以下几项。

(1) 管理人员工资：是指管理人员的基本工资、工资性津贴、职工福利费、劳动保护费等。

(2) 办公费：是指企业管理办公用的文具、纸张、账表、印刷、邮电、书报、会议、水电、烧水和集体取暖(包括现场临时宿舍取暖)用煤等费用。

(3) 差旅交通费：是指职工因公出差、调动工作的差旅费、住勤补助费，市内交通费和午餐补助费，职工探亲路费，劳动力招募费，职工离退休、退职一次性路费，工伤人员就医路费，工地转移费以及管理部门使用的交通工具的油料、燃料、养路费及牌照费。

(4) 固定资产使用费：是指管理和试验部门及附属生产单位使用的属于固定资产的房屋、设备、仪器等的折旧、大修、维修或租赁等费用。

(5) 生产工具用具使用费：是指施工机械原值 2000 元以下、使用年限在 2 年以内的不构成固定资产的低值易耗机械，生产工具及检验用具等的购置、摊销和维修费，以及支付给工人自备工具的补贴费。

(6) 工具用具使用费：是指管理使用的不属于固定资产的工具、器具、家具、交通工具和检验、试验、测绘、消防用具等的购置、维修和摊销费。

(7) 劳动保险费：是指由企业支付给离退休职工的易地安家补助费、职工退职金、六个月以上的病假人员工资、职工死亡丧葬补助费、抚恤费、按规定支付给离退休人员的各项费用。

(8) 工会经费：是指企业按职工工资总额计提的工会经费。

(9) 职工教育经费：是指企业为职工学习先进技术和提高文化水平，按职工工资总额计提的费用。

(10) 财产保险费：是指施工管理用财产、车辆保险费用。

(11) 财务费：是指企业为筹集资金而发生的各项费用。

(12) 税金：是指企业按规定缴纳的房产税、车船使用税、土地使用税、印花税等。

(13) 其他：包括技术转让费、技术开发费、业务招待费、绿化费、广告费、公证费、法律顾问费、审计费、咨询费、保险费等。

2) 规费

规费是指政府和有关权力部门规定必须缴纳的费用，包括以下几项。

(1) 工程排污费：是指施工现场按规定缴纳的工程排污费。

(2) 社会保障费。

① 养老保险费：是指企业按规定标准为职工缴纳的基本养老保险费。

② 失业保险费：是指企业按照规定标准为职工缴纳的失业保险费。

③ 医疗保险费：是指企业按照规定标准为职工缴纳的基本医疗保险费。

④ 生育保险费：是指企业按照规定标准为职工缴纳的女职工生育保险费。

⑤ 工伤保险费：是指企业按照规定标准为职工缴纳的工伤保险费。

(3) 住房公积金：是指企业按规定标准为职工缴纳的住房公积金。

(4) 危险作业意外伤害保险：是指按照《中华人民共和国建筑法》的规定，企业为从事危险作业的建筑安装施工人员支付的意外伤害保险费。

3. 利润

利润是指施工企业完成所承包工程获得的盈利。利润按其形成过程，分为税前利润和税后利润。税前利润也称利润总额；税前利润减去所得税费用，即为税后利润，也称净利润或净收益。从狭义的收入、费用来讲，利润包括收入和费用的差额，以及其他直接计入损益的利得、损失；从广义的收入、费用来讲，利润是收入和费用的差额。

(1) 施工企业根据企业自身需求并结合建筑市场实际自主确定利润，列入报价中。

(2) 工程造价管理机构在确定计价定额中的利润时，应以定额人工费(或定额人工费+定额机械费)作为计算基数，其费率根据历年工程造价积累的资料，并结合建筑市场实际确定，以单位(单项)工程测算，利润在税前建筑安装工程费的比重可按不低于 5%且不高于 7%的费率计算。利润应列入分部分项工程和措施项目中。

利润=工程收入-(工程人工费+材料费+机械费+管理费等)

4. 税金

建筑安装工程费用中的税金是指按照国家税法规定的应计入建筑安装工程造价内的增值税额，按税前造价乘以增值税税率确定。

按照《财政部国家税务总局关于全面推开营业税改增值税试点的通知》(财税〔2016〕36号)、《住房和城乡建设部标准定额研究所关于印发研究落实"营改增"具体措施研讨会会议纪要的通知》(建标造〔2016〕49号)等文件精神，对《河南省建设工程工程量清单综合单价(2008)》《郑州市城市轨道交通工程单位估价表》《河南省仿古建筑工程计价综合单价(2009)》等计价依据作出如下调整。

(1) 人工费：人工费不作调整，营改增后人工费仍为营改增前的人工费。

(2) 材料费：营改增后，各类工程材料费均为"除税后材料费"，材料价格直接以不含增值税的"裸价"计价。造价管理机构应及时调整、发布价格信息，以满足工程计价需要。

(3) 机械费：机械费中增值税～进项税综合税率暂定为 11.34%，即营改增后机械费为营改增前机械费×(1-11.34%)。

(4) 企业管理费：城市维护建设税、教育费附加及地方教育费附加纳入管理费核算，相应调增费用 0.86 元/综合工日；企业管理费中增值税～进项税综合税率暂定为 5.13%，即营改增后企业管理费为营改增前企业管理费×(1-5.13%)。

(5) 利润：利润不作调整，营改增后利润仍为营改增前利润。

(6) 安全文明费：安全文明费中增值税～进项税综合税率暂定为 10.08%，即营改增后安全文明费为营改增前安全文明费×(1-10.08%)。

(7) 规费：规费不作调整，营改增后规费仍为营改增前规费。

根据财税〔2016〕36号文附件1——《营业税改征增值税试点实施办法》的规定，增值税计税方法分为一般计税方法和简易计税方法两种。选择不同的计税方法，涉及应纳税额的算法、票据等都会不同。因此，在实际编制工程预算时，有关建设方应明确选择一种计税方法，以方便工程造价计价工作。

① 采用一般计税方法时增值税的计算。

当采用一般计税方法时，建筑业增值税税率为11%，其计算公式为：

$$增值税=税前造价×11\%$$

税前造价为人工费、材料费、施工机具使用费、企业管理费、利润和规费之和，各费用项目均以不包含增值税可抵扣进项税额的价格计算。

② 采用简易计税方法时增值税的计算。

当采用简易计税方法时，建筑业增值税税率为3%。其计算公式为：

$$增值税=税前造价×3\%$$

税前造价为人工费、材料费、施工机具使用费、企业管理费、利润和规费之和，各费用项目均以包含增值税进项税额的含税价值计算。

编制工程造价控制价，原则上应选择一般计税方法。选择简易计税方法的，工程造价计价程序暂可参照原营业税下的计价依据执行。

1.3 "拍工程 X 片"总价怎么算

建设工程造价是决定和控制工程项目投资的重要措施和手段，是进行招投标、考核企业经营管理水平的依据，也是审查机关掌握投资状况、监督经济活动的重要依据，这就要求工程造价的编制应有高度的科学性、准确性和权威性。为适应目前基本建设管理体制改革深入发展的需要，尤其是中国加入世界贸易组织以后，统一造价的编制方法和标准，提高造价的编制质量，消除造价的失控现象，科学确定和有效控制工程投资，建立一个高效的建筑市场的工程造价管理制度日趋紧迫。

为什么需要工程造价.mp3

1.3.1 工程造价的含义

所谓工程造价的合理确定，就是在项目建设的各个阶段，根据有关的计价依据和特定的方法，对建设过程中所支出的各项费用进行准确合理的计算和确定。工程造价的确定，从定性的角度说，是一个合同问题，是承发包人经过利害权衡、竞价磋商等方式所达成的特定的交易价格，具有明显的契约性；从定量的角度说，是一个技术问题，是承发包人双方根据合同约定的条件，就具体工程价款的计算达成一致的结果，具有明显的专业性。

工程造价的计价具有动态性和阶段性(多次性)的特点。工程建设项目从决策到交付使用都有一个较长的建设期，在整个建设期内，构成工程造价的任何因素发生变化都必然会影响工程造价的变动，不能一次确定可靠的价格，要到竣工决算后才能最终确定工程造价，因此需对建设程序的各个阶段进行计价(如估算、概算、预算、招标标底、控制价、报价、合同价、竣工结算价、决算价)，以保证工程造价确定和控制的科学性。

1. 设计概算

设计概算是指在初步设计或扩大初步设计阶段，由设计单位根据初步设计图纸、概算定额或概算指标、设备材料价格以及收费标准等资料，预先对工程造价进行的概略计算。它是设计文件的组成部分。设计概算适用于以下几种情况。

造价和预算.mp3

(1) 设计有一定深度：建筑、结构设计比较明确，工程量能满足要求时，用概算定额编制设计概算。

(2) 设计深度不够、编制依据不全、不能准确计算工程量，但技术比较成熟的可以利用概算指标编制设计概算。

(3) 利用类似工程预算编制设计概算。当拟建工程尚无完整的初步设计方案或概算定额和概算指标不全，而拟建工程与已建或在建工程相似，结构特征基本相同，就可以采用这种方法编制设计概算。

用类似工程预算编制设计概算，需要对类似工程预算进行调整，调整方法有建筑结构差异调整法、地区综合系数法、价格(时间)变动系数法。

2. 修正概算

修正概算是设计单位在技术设计阶段，随着对初步内容的深化，对建设规模结构性质、设备类型和数量与初步设计段有出入，为此，设计单位应对初步设计概算进行修正后形成的文件就叫修正概算。

1.3.2 "工程X片"如何分析

1. 施工图预算的内容

施工图预算由预算表格和文字说明组成。工程项目(如工厂、学校等)总预算包含若干个单项工程(如车间、教室楼等)综合预算；单项工程综合预算包含若干个单位工程(如土建工程、机械设备及安装工程)预算(见设计概算)。按费用构成分，施工图预算由以下七项费用构成：①人工费；②材料费；③施工机械使用费；④企业管理费；⑤利润；⑥规费；⑦税金。

施工图预算的
重要性.mp3

2. 施工图预算的概念、作用、编制依据和编制方法

1) 施工图预算的概念

施工图预算是根据施工图纸、工程量计算规则计算工程量，根据现行计价依据和取费标准来确定工程全部费用的文件，该文件称为施工图预算，主要是作为确定工程预算造价和招投标的依据。在中国，施工图预算是建筑企业和建设单位签订承包合同和办理工程结算的依据，也是建筑企业编制计划、实行经济核算和考核经营成果的依据。在实行招标承包制的情况下，施工图预算是建设单位确定标底和建筑企业投标报价的依据。施工图预算是关系建设单位和建筑企业经济利益的技术经济文件，如在执行过程中发生经济纠纷，应经仲裁机关仲裁，或按法律程序解决。

施工图预算的
基本步骤.mp3

2) 施工图预算的作用

(1) 施工图预算是设计阶段控制工程造价的重要环节，是控制施工图设计不突破设计概算的重要措施。

(2) 施工图预算是编制或调整固定资产投资计划的依据。

(3) 对于实行施工招标的工程，施工图预算是编制标底的依据，也是承包企业投标报价的基础。

(4) 对于不宜实行招标而采用施工图预算加调整价结算的工程，施工图预算可作为确定合同价款的基础或作为审查施工企业提出的施工图预算的依据。

3) 施工图预算的编制依据

(1) 施工图纸：施工图纸是指经过会审的施工图，包括所附的文字说明、有关的通用图集和标准图集及施工图纸会审记录。它们规定了工程的具体内容、技术特征、建筑结构尺寸及装修做法等，因而是编制施工图预算的重要依据之一。

(2) 现行预算定额或地区单位估价表：现行的预算定额是编制预算的基础资料。编制工程预算，从分部分项工程项目的划分到工程量的计算，都必须以预算定额为依据。 地区单位估价表是根据现行预算定额、地区工人工资标准、施工机械台班使用定额和材料预算价格等进行编制的。它是预算定额在该地区的具体表现，也是该地区编制工程预算的基础资料。

(3) 经过批准的施工组织设计或施工方案：施工组织设计或施工方案是建筑施工中的重要文件，它对工程施工方法、材料、构件的加工和堆放地点都有明确规定。这些资料直接影响工程量的计算和预算单价的套用。

(4) 地区取费标准(或间接费定额)和有关动态调价文件：按当地规定的费率及有关文件进行计算。

(5) 工程的承包合同(或协议书)、招标文件。

(6) 最新市场材料价格：市场材料价格是进行价差调整的重要依据。

(7) 预算工作手册：预算工作手册是将常用的数据、计算公式和系数等资料汇编成手册以便查用，可以加快工程量计算速度。

(8) 有关部门批准的拟建工程概算文件。

4) 施工图预算的编制方法

目前，我国施工图预算的编制方法有两种：一种是清单计价法，另一种是定额计价法。

(1) 工程量清单计价法，是在建设工程过程中，招标人或委托具有资质的中介机构编制工程量清单，并作为招标文件的一部分提供给投标人，由投标人依据工程量清单进行自主报价，经评审以合理低价中标的一种计价方式。

(2) 定额计价法，是我国传统的计价方式。在招投标时，不论是作为招标标底还是投标报价，其招标人和投标人都需要按国家规定的统一工程量计算规则计算工程数量，然后按建设行政主管部门颁布的预算定额或单位估价表计算工、料、机的费用，再按有关费用标准记取其他费用，汇总后得到工程造价。在整个计价过程中，计价依据是固定的，即权威性的"定额"。定额计价分为单价法和实物法两种。

3. 施工图预算的费用构成及编制步骤

1) 费用构成

施工图预算费用构成分为两种类型。清单计价：分部分项工程费、措施项目费、其他项目费、规费、税金，总计五项费用。定额计价：直接工程费、措施费、规费、企业管理费、利润、税金、其他费用，总计七项费用。

2) 编制步骤

由于施工图预算的费用构成分为清单计价和定额计价两种类型，所以施工图预算的费用编制步骤也分为两种类型。

(1) 清单计价。

准备阶段：熟悉施工图纸、招标文件；参加图纸会审、踏勘施工现场；熟悉施工组织设计或施工方案；确定计价依据。

然后针对工程量清单，依据《企业定额》，或者参照建设行政主管部门发布的《消耗量定额》《建设工程造价计价规则》、价格信息，计算分部分项工程量清单的综合单价，从而计算出分部分项工程费。参照建设行政主管部门发布的《措施费计价方法》《建设工程造价计价规则》，计算措施项目费、其他项目费；参照建设行政主管部门发布的《建设工程造价计价规则》计算规费及税金；按照规定的程序计算单位工程总价、单项工程造价、工程项目总价；做主要材料分析；填写编制说明和封面。

最后复算收尾阶段：复核；装订成册，签名盖章。

(2) 定额计价。

准备阶段：熟悉施工图纸、招标文件；参加图纸会审、踏勘施工现场；熟悉施工组织设计或施工方案；确定计价依据。

编制试算阶段：列分项工程，计算工程量；套用单位估价表，计算出直接工程费；计算措施费、间接费、其他项目费、利润、税金，汇总计算出建筑安装工程造价；做材料分析，列出材料清单；填写编制说明和封面。

复算收尾阶段：复核；装订成册，签名盖章。

1.3.3 ░ "工程 X 片" 确诊与治疗

所谓工程造价的合理确定，就是在建设程序的各个阶段，合理确定投资估算、概算造价、预算造价、承包合同价、结算价、竣工决算价。在各个阶段包含的内容具体如下。

(1) 在项目建议书阶段，按照有关规定，应编制初步投资估算。经有权部门批准，作为拟建项目列入国家中长期计划和开展前期工作的控制造价。

工程造价的控制
原理.mp3

(2) 在可行性研究阶段，按照有关规定编制的投资估算，经有权部门批准，即为该项目的控制造价。

(3) 在初步设计阶段，按照有关规定编制的初步设计总概算，经有权部门批准，即作为拟建项目工程造价的最高限额。对初步设计阶段，实行建设项目招标承包制签订承包合同协议的，其合同价也应在最高限价(总概算)相应的范围以内。

(4) 在施工图设计阶段，按规定编制施工图预算，用以核实施工图阶段预算造价是否超过批准的初步设计概算。

(5) 对以施工图预算为基础招标投标的工程，承包合同价也是以经济合同形式确定的建筑安装工程造价。

(6) 在工程实施阶段要按照承包方实际完成的工程量，以合同价为基础，同时考虑因物价上涨所引起的造价提高，考虑到设计中难以预计的而在实施阶段实际发生的工程和费用，合理确定结算价。

(7) 在竣工验收阶段，全面汇集在工程建设过程中实际花费的全部费用，编制竣工决算，如实体现该建设工程的实际造价。

工程造价的有效控制就是在优化建设方案、设计方案的基础上，在建设程序的各个阶段，采用一定的方法和措施把工程造价的发生控制在合理的范围和核定的造价限额以内。

具体来说，要用投资估算价控制设计方案的选择和造价；用概算造价控制技术设计和修正概算造价；用概算造价或修正概算造价控制施工图设计和预算造价。控制造价在这里强调的是控制项目投资。有效控制工程造价应体现以下三个原则。

(1) 以设计阶段为重点的建设全过程造价控制。工程造价控制的关键在于施工前的和设计阶段，而在项目作出后，控制工程造价的关键就在于设计。设计质量对整个工程建设的效益是至关重要的。

(2) 主动控制，以取得令人满意的结果。将系统论和控制论研究成果用于项目管理后，将控制立足于事先主动地采取决策措施，以尽可能地减少以至避免目标值与实际值的偏离，这是主动的、积极的控制方法，因此被称为主动控制。我们的工程造价控制，要能动地影响，影响设计、发包和施工，主动地控制工程造价。

技术与经济相结合是控制工程造价最有效的手段。要有效地控制工程造价，应从组织、技术、经济等多方面采取措施。从组织上采取的措施，包括明确项目组织结构，明确造价控制者及其任务，明确管理职能分工；从技术上采取措施，包括重视设计多方案选择，严格审查监督初步设计、技术设计、施工图设计、施工组织设计，深入技术领域研究节约投资的可能；从经济上采取措施，包括动态地比较造价的计划值和实际值，严格审核各项费用支出，采取对节约投资的有力奖励措施等。

第 1 章课件.pptx

第 2 章　建设工程计价也需要『会计』

2.1　建设工程计价的"靠山"

(1) 为规范工程造价计价行为，统一建设工程工程量清单的编制和计价方法，根据《中华人民共和国建筑法》《中华人民共和国合同法》《中华人民共和国招标投标法》等法律法规，制定《建设工程工程量清单计价规范》(GB 50500—2013)。

(2)《建设工程工程量清单计价规范》(GB 50500—2013)适用于建设工程工程量清单计价活动。

(3) 全部使用国有资金投资或国有资金投资为主的工程建设项目，必须采用工程量清单计价。

什么是建设工程
计价依据.mp3

使用国有资金投资建设的项目范围如下。

① 使用各级财政预算资金的项目。

② 使用纳入财政管理的各种政府性专项建设基金的项目。

③ 使用国有企业单位自有资金，并且国有资产投资者实际拥有控制权的项目。

国家融资项目的范围如下。

① 使用国家发行债券所筹资金的项目。

② 使用国家对外借款或者担保所筹资金的项目。

③ 使用国家政策性贷款的项目。

④ 国家授权投资主体融资的项目。

⑤ 国家特许的融资项目。

(4) 非国有资金投资的工程建设项目，可采用工程量清单计价。

(5) 工程量清单、招标控制价、投标报价、工程价款结算等工程造价文件的编制与核对应由具有资格的工程造价专业人员承担。

(6) 建设工程工程量清单计价活动应遵循客观、公正、公平的原则。

(7) 建设工程工程量清单计价活动，除应遵守本规范外，尚应符合国家现行有关标准的规定。

(8) 工程量清单应采用综合单价计价。

(9) 分部分项工程量清单应采用综合单价计价。

(10) 措施项目中的安全文明施工费必须按国家或省级、行业建设主管部门的规定计算，不得作为竞争性费用。

(11) 措施项目清单中的安全文明施工费应按国家或省级、行业建设主管部门的规定计价，不得作为竞争性费用。

(12) 规费和税金必须按国家或省级、行业建设主管部门的规定计算，不得作为竞争性费用。

2.2 发包人提供材料和工程设备

对于包工包料部分的施工承包方式，往往设备和主要建筑材料由发包人负责提供，需明确约定发包人提供的材料和设备分批交货的种类、规格、数量、交货期限和地点等，以便明确合同责任。

发包人向承包人供应部分材料和(或)工程设备(简称甲供材料)的行为，会对承包人施工成本产生一些影响。一般从甲供材料行为的合法性、《建设工程工程量清单计价规范》(GB 50500—2013)中甲供材料的要素特征、甲供材料行为转化为承包商采购或变更为暂估价材料等三个方面论述甲供材料给承包人带来的风险和机遇。承包人事前充分理解建设工程施工合同条款，谨慎对待工程量清单特征描述，预判因甲供材料行为可能产生的损失，提早在投标报价中考虑风险，用合同专用条款约束发包人对己方的不利行为，才能有效规避风险、减少施工成本、获取合理的利润。

发包人提供材料和工程设备应符合以下情况的一般规定。

(1) 发包人提供的材料和工程设备应在招标文件中按照《建设工程工程量清单计算规范》(GB 50500—2013)附录中的相关规定填写《发包人提供材料和工程设备一览表》，写明甲供材料的名称、规格、数量、单价、交货方式、交货地点等。

(2) 承包人投标时甲供材料单价应计入相应项目的综合单价中，签约后，发包人应按合同约定扣除甲供材料款，不予支付。

(3) 承包人应根据合同工程进度计划的安排，向发包人提交甲供材料交货的日期计划，发包人应按计划提供材料。

(4) 发包人提供的甲供材料如规格、数量或质量不符合合同要求，或由于发包人原因发生交货日期延误、交货地点及交货方式变更等情况的，发包人应承担由此增加的费用和(或)工期延误，并应向承包人支付合理利润。

(5) 发、承包双方对甲供材料的数量不能达成一致的，应按照相关工程的计价定额同类项目规定材料消耗量计算。

(6) 若发包人要求承包人采购已在招标文件中确定为甲供材料的，材料价格应由发、承包双方根据市场调查确定，并应另外签订补充协议。

注：进场的材料，经施工单位验收并使用，质量责任由施工单位负责，包括甲供材料，即使不合格，一旦经承包人验收后使用，责任由承包人承担。

发包人提供材料承包人
是否承担质量责任.mp3

2.3　承包人提供材料和工程设备

与发包人提供材料和工程设备对应的就是承包人提供材料和工程设备，承包人提供材料和工程设备应符合以下条件的一般规定。

(1) 除合同约定的发包人提供的甲供材料外，合同工程所需的材料和工程设备应由承包人提供，应按照专用条款约定及设计和有关标准要求采购，并提供产品合格证明，对材料设备质量负责。承包人在材料设备到货前 24 小时通知工程师清点并自行保管。

(2) 承包人采购的材料设备与设计标准要求不符时，承包人应按工程师要求的时间运出施工场地，重新采购符合要求的产品，并承担由此发生的费用，由此延误的工期不予顺延。

(3) 承包人采购的材料设备在使用前，承包人应按工程师的要求进行检验或试验，不合格的不得使用，检验或试验费用由承包人承担。但经检测材料合格，由此产生的费用应由发包人承担。

(4) 工程师发现承包人采购并使用不符合设计和标准要求的材料设备时，应要求承包人负责修复、拆除或重新采购，由承包人承担发生的费用，由此延误的工期不予顺延。

(5) 承包人需要使用代用材料时，应经工程师认可后才能使用，由此增减的合同价款双方以书面形式议定。

(6) 由承包人采购的材料设备，发包人不得指定生产厂或供应商。

2.3.1 ▎适用于造价信息差额调整法

施工期内，因人工、材料、工程设备、机械台班价格波动影响合同价格时，人工、机械使用费按照国家或省、自治区、直辖市建设行政管理部门、行业建设管理部门或其授权的工程造价管理机构发布的人工成本信息、机械台班单价或机械使用费系数进行调整；需要进行价格调整的材料，其单价和采购数应由发包人复核，发包人确认需调整的材料单价及数量，作为调整合同价款差额的依据。

(1) 承包人投标报价中材料单价低于基准单价：施工期间材料单价涨幅以基准单价为基础超过合同约定的风险幅度值，或材料单价跌幅以投标报价为基础超过合同约定的风险幅度值时，其超过部分按实调整。

(2) 承包人投标报价中材料单价高于基准单价：施工期间材料单价跌幅以基准单价为基础超过合同约定的风险幅度值，或材料单价涨幅以投标报价为基础超过合同约定的风险幅度值时，其超过部分按实调整。

(3) 承包人投标报价中材料单价等于基准单价：施工期间材料单价涨、跌幅以基准单价为基础超过合同约定的风险幅度值时，其超过部分按实调整。

(4) 承包人应在采购材料前将采购数量和新的材料单价报送发包人核对，确认用于本合同工程时，发包人应确认采购材料的数量和单价。发包人在收到承包人报送的确认资料后 3 个工作日不予答复的视为已经认可，作为调整合同价款的依据。如果承包人未报经发包人核对即自行采购材料，再报发包人确认调整合同价款的，如发包人不同意，则不作调整。

【例 2-1】××省某工程总合同额 1800 万元，因为发包人原因造成推迟开工，投标时投标人人工费报价为 18.55 元/工日，当时××省人工费定额是 24 元/工日，项目开工时××省建设管理部门公布的人工费价格是 36 元/工日，双方同意对人工费进行调价。承包人认为人工费调整价格为(36～18.55)元/工日，发包人认为人工费调整价格为(36～24)元/工日，双方对人工费调整的具体额度产生纠纷。

1. 案例分析

(1) 首先明确人工费应该调整。因为项目开发时××省建设管理部门公布的人工费价格发生调整。故此部分费用由发包人承担。

(2) 投标报价时人工费定额是 24 元/工日，承包人投标是 18.55 元/工日，人工费存在价差，那么就是说承包人愿意承担这部分人工费价差的风险，承担的人工费风险价格为 (24-18.55)=5.45(元/工日)。项目开工时，承包人应继续承担那部分人工费的风险，不能因人工费的上涨而改变，因此承包人还应承担人工费上涨 5.45 元/工日的风险。项目开工时××省建设管理部门公布的人工费价格是 36 元/工日，因此承包人应承担 5.45 (24-18.55)元/工日人工费上涨的风险，而发包人应承担 12(36-24)元/工日人工费上涨的风险。所以人工费应按照发包人工想法进行调整。

2. 承包人提供主要材料和工程设备一览表

承包人提供主要材料和工程设备一览表见表 2-1。

表 2-1 承包人提供主要材料和工程设备一览表

(适用于造价信息差额调整法)

工程名称：　　　　　　　　　　　标段：　　　　　　　　　第 页 共 页

序　号	名称、规格、型号	单　位	数　量	风险系数/%	基准单价/元	投标单价/元	发承包人确认单价/元	备　注

2.3.2 ┃ 适用于价格指数差额调整

指数调整法又称价格指数调整法、物价指数法，是根据已掌握的同类资产(最好是同种资产)历年的价格指数，利用统计预测技术，找出评估对象价格变动方向、趋势和速度，推算出原购置年代和评估基准日期的价格指数，以这两个时期价格指数变动比率与资产原值计算重置成本。其基本公式如下：

$$P_1 = L_1 / L_0 P_0$$

式中：P_1——重置成本；

L_1——评估基准日价格指数；

L_0——评估对象原购置时间价格指数；

P_0——评估对象原值。

1. 案例分析

指数调整法是按照账面原值乘以建筑调价系数去估算房屋现行造价的一种方法。它一般适用于群体建筑的评估，也可用于单体建筑的评估，但评估的可靠性较差。运用该方法进行房屋估价计算有两个关键因素，即账面原值和采用的调整系数，只有在账面原值正确，采用的调整系数准确的前提下，这样计算的结果才能准确可靠。在一个群体的房屋建筑评估中，由于很多项目账面值缺乏可靠性，有的调整系数不准确，应避免使用此法。

在不得已的情况下必须采用指数调整法进行房屋估价时，应认真审核账面原值及造价调整指数的正确性，只有在两个因素相关关系符合评估要求的情况下才能使用此法进行房屋造价计算。

【例 2-2】　2014 年 1 月，实际完成的某工程基准日期的价格为 1500 万元。调值公式中的固定系数为 0.3，相关成本要素中，水泥的价格指数上升了 20%，水泥的费用占合同调值部分的 40%，其他成本要素的价格均未发生变化。2014 年 1 月应调整的合同价的差额为多少万元？

答案：根据调值公式，则有调值后的合同价款差额=1500×[(0.3+0.7×0.4×1.2+0.7×0.6×1)-1] =84(万元)。

2. 承包人提供材料和工程设备一览表

承包人提供材料和工程设备一览表见表 2-2。

发包人投标人承包人招
标人四者的关系.mp3

表2-2　承包人提供材料和工程设备

(适用于价格指数差额调整法)

工程名称：　　　　　　　　　标段：　　　　　　　　　第　页　共　页

序号	名称、规格、型号	变值权重 B	基本价格指数 F_0	现行价格指数 F_t	备注

2.4　计价风险不得不避

2.4.1　工程量清单计价风险的概念与分类

　　工程量清单计价风险犹如建设工程项目其他风险一样是客观存在的，但如何定义工程量清单计价风险并未在业内形成共识，以至于无论是在理论研究层面，还是在管理实践层面，均未对工程量清单计价风险作过定义。笔者认为，要正确认识工程量清单计价风险，科学地管理工程量清单计价风险，落实各主体的风险责任，首先应正确定义工程量清单计价风险。一般而言，风险是指客观存在的既可能造成损失，也可能带来机遇的不确定性事件。就工程量清单计价而言，其风险是指在工程量清单计价活动中可能出现的影响工程造价的不确定因素。这样定义工程量清单计价风险，体现了其基本特征。

计价风险.mp3

　　1. 工程量清单计价的风险特征

　　1) 工程量清单计价风险的客观性

　　工程量清单计价风险是客观存在的，工程建设项目的规模越大，建设周期越长，产生工程量清单计价风险的概率就可能越高。在工程量清单计价活动中，可以认识风险、分配风险、转移风险、规避风险，甚至可以利用风险，但不可能从根本上完全消除风险。因而，风险作为一种"不确定的因素"，随时可能"影响工程造价"的计价结果。

　　2) 工程量清单计价风险的不确定性

　　工程量清单计价风险虽然是客观存在的，但不可能准确地预测其是否发生及发生的时间，发生后对工程造价的影响程度等。这样就形成了工程量清单计价风险是否发生的不确定性，发生时间的不确定性，发生状况及其结果的不确定性。可以说，不确定性是工程量清单计价风险最本质的特征。

3）工程量清单计价风险的可认识性

工程量清单计价风险虽然具有不确定性特征，但同时又具有客观性特征。只要是客观存在的事物，总是可以认识的，工程量清单计价风险也不例外。

4）工程量清单计价风险的偏好性

对于同一可能产生的工程量清单计价风险事件，不同的市场主体具有不同的风险态度，因而会有不同的风险管理行为，进而导致不同的风险事件结果。但有一点是共同的，即各方主体都是按照有利于己的态度、行为来管理风险，争取有利于己的风险事件结果，因而形成其偏好性。

2. 工程量清单计价的分类

风险可以从不同的角度来分类，比如可以根据产生的根源分类，也可以根据造成的后果分类，可以根据可预测、可控制程度分类，也可以根据管理对象分类等。笔者认为，工程量清单计价风险可按产生的根源来分类。根据不同的产生根源，工程量清单计价风险可以分为以下五类。

1）法律法规变化风险

涉及工程造价的法律、法规的变化，尤其直接影响工程造价计价多少的法律、法规的变化，比如税法规定的税基、税率的变化，各分类社会保险法律、法规规定的缴费费基及费率的变化，都会给市场主体在工程量清单计价活动中带来风险。这类风险往往是市场主体在工程量清单计价活动中不可能预测，也不可能控制的风险。

2）工程量变动风险

一个建设工程项目决策越科学，前期准备工作越充分，工程设计越周密，建设实施过程中工程量变动就会越小。除了少数规模很小、工期很短、功能简单的小项目外，绝对不发生工程量变动的项目是没有的。因此，只要发生工程量变动，无论这种变动是计算失误造成的，还是设计变更造成的，都会给工程量清单计价带来风险。这类风险市场主体在工程量清单计价活动中一般是可以预测、可以控制的风险。

3）计价要素市场价格波动风险

工程造价的计价要素，包括人工费、材料费、机械台班费。无论是形成工程实体，还是为形成工程实体而采用的技术措施，在工程量清单计价活动中都离不开这三大基本要素，而这三大基本要素的市场价格不会是稳定不变的，而是随行就市，不断波动的。这样就给工程量清单计价活动带来了风险，这种波动的频率越高、幅度越大，工程量清单计价的风险也就越大。这类风险虽然可以根据经验预测，但经验再丰富的市场主体，也难以准确地预测。

4）管理成本控制力风险

工程量清单计价，就一定意义来讲，就是综合单价法计价。而工程量清单项目的综合单价，无论是分部分项工程综合单价，还是措施项目综合单价，其组成均包括管理费，因而，企业的管理成本控制力强弱也是有一定风险的。不过，这类风险属于企业内部可控制风险。管理成本控制力风险还可分为采用新技术、新工艺、新材料等技术管理成本控制力风险与一般管理成本控制力风险。

5）不可抗力风险

不可抗力一般是指战争、动乱、恐怖活动等以及自然灾害如地震、飓风、台风、火山爆发、泥石流、滑坡等市场主体无法控制、无法避免或克服的事件或情况。这样的事件或情况一旦发生，不仅会给工程量清单计价带来风险，还会给整个工程项目带来风险。

2.4.2 合同的类型对风险分担的影响

根据付款方式，合同主要分为总价合同、单价合同、成本加酬金合同。

1. 总价合同对风险分担的影响

总价合同是指在合同中确定一个完成项目的总价，承保人据此完成项目全部内容的合同。它又分为固定总价合同和浮动总价合同。在清单计价模式下，常与工程金额不多的分包商签订固定总价合同，这样便于工程结算，也减少双方的纠纷。采用固定总价合同，发包商将因价格上涨引起投资增加的风险转移给了承包商。

合同.mp3

2. 单价合同对风险分担的影响

单价合同是承包人在投标时，按招标文件就分部分项工程所列出的工程量表确定各分部分项工程费用的合同类型。它也可分为固定单价合同和可调单价合同。清单招标方式通常采用固定单价合同，即合同单价不会随着市场价格的波动而调整。单价合同与过去定额计价模式相比增加了经济风险。增加的经济风险是通过工程量的数量是否准确间接造成的。根据工程量清单招投标的要求，发包商提供工程项目的工程量，承包商依据招标文件里的工程量清单填写单价，改变了定额计价模式下承包商既计算工程量又报价的做法。发包商承担了工程量数量的风险，承包商承担了价格风险。清单计价模式下影响工程项目造价控制的两个因素得到了合理分担。

3. 成本加酬金合同对风险分担的影响

成本加酬金合同也称为成本补偿合同，这是与固定总价合同正好相反的合同，是由业主向承包单位支付工程项目的实际成本，并按事先约定的某一种方式支付酬金的合同类型。即工程施工的最终合同价格将按照工程实际成本再加上一定的酬金进行计算。在合同签订时，工程实际成本往往不能确定，只能确定酬金的

合同和风险.mp3

取值比例或者计算原则。这类合同中，业主承担项目实际发生的一切费用，因此也就承担了项目的全部风险。但是承包单位由于无风险，其报酬也就较低了。这类合同的缺点是业主对工程造价不易控制，承包商也就往往不注意降低项目的成本。

对业主而言，这种合同也有一定的优点：①可以通过分段施工，缩短工期，而不必等待所有的施工图完成才开始投标和施工。②可以减少承包商的对立情绪，承包商对工程变更和不可预见条件的反应会比较积极和快捷。③可以利用承包商的施工技术专家，帮助改进或弥补设计中的不足。④业主可以根据自身力量和需要，较深入地介入和控制工程施工和管理。⑤也可以通过确定最大保证价格约束工程成本不超过某一限值，从而转移一部分风险。

建设工程发承包，必须在招标文件、合同中明确计价中的风险内容及其范围(幅度)，不得采用无限风险、所有风险或类似语句规定计价中的风险内容及范围。

(1) 由发包人承担的如下。

① 国家法律政策的变化。

② 省级或行业建设主管部门发布的人工费调整，但承包人对人工费或人工单价的报价高于发布的除外。

③ 由政府定价或管理的原材料等价格进行了调整。

(2) 由于市场物价波动影响合同价款的，应由发承包双方合理分摊，按建设工程工程量清单计价规范(GB 50500—2013)的附录 L2 或 L3 填写《承包人提供主要材料和工程设备一览表》作为合同附件；当合同中没有约定，发承包双方发生争议时，应按建设工程工程量清单计价规范(GB 50500—2013)9.8.1～9.8.3 条的规定调整合同价款。

(3) 由于承包人使用机械设备、施工技术以及组织管理水平等自身原因造成施工费用增加的，应由承包人全部承担。

(4) 当发生不可抗力，影响合同价款时，应按建设工程工程量清单计价规范(GB 50500—2013)第 9.10 节的规定执行。

9.10.1　因不可抗力事件导致的人员伤亡、财产损失及其费用增加，发承包双方应按下列原则分别承担并调整合同价款和工期。

① 合同工程本身的损害、因工程损害导致第三方人员伤亡和财产损失以及运至施工场地用于施工的材料和待安装的设备的损害，应由发包人承担。

② 发包人、承包人人员伤亡应由其所在单位负责，并应承担相应费用。

③ 承包人的施工机械设备损坏及停工损失，应由承包人承担。

④ 停工期间，承包人应发包人要求留在施工场地的必要的管理人员及保卫人员的费用应由发包人承担。

⑤ 工程所需清理、修复费用，应由发包人承担。

9.10.2　不可抗力解除后复工的，若不能按期竣工，应合理延长工期。发包人要求赶工的，赶工费用应由发包人承担。

9.10.3　因不可抗力解除合同的，应按本规范第 12.0.2 条的规定办理。

第 2 章课件.pptx

第3章 工程量清单编制的"套路"就这么多

工程量清单编制
的技巧.mp3

3.1　一般"出牌"规定

3.1.1 ▏工程量清单编制的一般规定

　　《建设工程工程量清单计价规范》(GB 50500—2013)规定："工程量清单应由具有编制招标文件能力的招标人，或受其委托具有相应资质的中介机构进行编制"，同时明确"工程量清单应作为招标文件的组成部分"。从以上规定可以看出，工程量清单(又称工作量表)是由招标人来编制的。工程量清单是招标人对招标工程的全部项目，按统一的工程量计算规则、项目划分和计量单位算出的分部分项工程数量列出的表格。

　　工程量清单必须是经过国家注册的造价工程师才有资格进行编制，因为从工程量清单格式的要求，清单封面上必须有注册造价工程师签字并盖执业专用章方为有效。

　　招标工程量清单必须作为招标文件的组成部分，其准确性和完整性应由招标人负责。

　　招标工程量清单是工程量清单计价的基础，应作为编制招标控制价、投标报价、计算或调整工程量、索赔的依据之一。

　　招标工程量清单应以单位(项)工程为单位编制，应由分部分项工程量清单、措施项目清单、其他项目清单、规费和税金项目清单组成。

工程量清单编制
的关键点.mp3

3.1.2 ▏工程量清单编制的依据

　　编制招标工程量清单应依据以下几方面。

(1) 《建设工程工程量清单计价规范》(GB 50500—2013)和相关工程的国家计量规范。

(2) 国家或省级、行业建设主管部门颁发的计价定额和办法。

(3) 建设工程设计文件及相关资料。

(4) 与建设工程有关的标准、规范、技术资料。

(5) 拟定的招标文件。

(6) 施工现场情况、地勘水文资料、工程特点及常规施工方案。

(7) 其他相关资料。

3.2　工程量清单的"兄弟姐妹"

一个拟建项目的全部工程量清单包括分部分项工程量清单、措施项目清单、其他项目清单、规费和税金项目清单五部分。分部分项工程量清单是表明拟建工程的全部分项实体工程名称和相应数量的清单；措施项目清单是为完成分项实体工程而必须采取的一些措施性的清单；其他项目清单是招标人提出的一些与拟建工程有关的特殊要求的项目清单；规费和税金是国家强制性的费用，在招投标中属于不可竞争费用。

工程项目清单.mp3

3.2.1 ▌工程量清单的概念及其组成

1. 工程量清单的概念

工程量清单是表现拟建工程的分部分项工程项目、措施项目、其他项目名称和数量的明细清单。

工程量清单是依据招标文件规定、施工设计图纸、计价规范(规则)计算分部分项工程量，并列在清单上作为招标文件的组成部分，可提供编制标底和供投标单位填报单价。因此，工程量清单是编制招标工程标底和投标报价的依据，也是支付工程进度款和办理工程结算、调整工程量以及工程索赔的依据。

2. 工程量清单的组成

(1) 工作内容总说明，包括工程量计算规则。

(2) 开办费部分。

(3) 工程量清单表。

(4) 不可预见费、指定金额和暂定金额。

(5) 汇总表。

(6) 日工价格。

计日工单价.mp3

开办费.mp3

暂定金额与暂列金额.mp3

3.2.2 分部分项工程项目

1. 分部分项工程量清单的编制

分部分项工程量清单的编制主要取决于以下两个方面。

(1) 项目的划分和项目名称的定义及内容的描述，这是分部分项工程量清单编制的难点。

(2) 清单项目实体工程量的计算，这是分部分项工程量清单编制的重点。

措施项目.mp3　　　　　分部分项.mp3

2. 分部分项清单编制的难点

编制分部分项工程量清单的关键是列出清单项目，在清单项目中明确需要体现的项目特征和项目包含的工程内容(分部分项清单编制的难点是项目的划分和项目名称的定义及内容的描述)。

1) 项目的划分(列项)

分部分项工程量清单以形成"工程综合实体"项目或以主要分项工程为主来划分(实体项目中一般可以包括许多工程内容，以建筑、装饰部分居多，结构部分往往按分项工程设置)，在《建设工程工程量清单计价规范》中，对工程量清单项目的设置作了明确的规定(项目特征)。而定额一般是按施工工序设置的，包括的工程内容一般是单一的。

2) 项目划分的原则

(1) 以形成工程实体为原则，这是计量的前提。

(2) 与消耗量定额相结合的原则。

(3) 便于形成综合单价的原则。

(4) 便于使用和以后调整的原则。

3) 项目名称的定义

项目名称原则上以形成的工程实体而命名。分部分项工程量清单项目名称的设置应按《计价规则》中"分部分项工程量清单项目"的项目名称与项目特征，并结合拟建工程的实际(工程内容)确定。

(1) 项目名称。

清单中的项目名称可以和《计价规则》中的"项目名称"完全一致，如挖基础土方、砖基础、圈梁、块料楼地面、胶合板门等。项目名称也可以在《计价规则》的总框架下，根据具体情况进行重新命名，如《计价规则》的"块料楼地面"也可以命名为地砖地面、地砖楼面、防滑地砖楼面、陶瓷地砖地面等；如"土方回填"也可以根据回填土的位置命名为基础回填土、室内回填土、基础垫层回填土等；如"块料墙面"可以命名为外墙面砖、内墙瓷片等；如"胶合板门"也可以称为夹板门、双面夹板门等。

(2) 项目特征的描述。

工程量清单项目特征描述的重要意义在于以下三个方面。

① 项目特征是区分清单项目的依据。项目特征用来表述项目的实质内容，用于区分《建设工程工程量清单计价规范》中同一清单条目下各个具体的清单项目，是设置具体清单项目的依据。没有项目特征的准确描述，对于相同或相似的清单项目名称就无从区别。

② 项目特征是确定综合单价的前提。由于清单的项目特征决定了工程实体的实质内容，是对项目的准确描述，必然直接决定了工程实体的自身价值，因此，项目特征描述得准确与否，直接关系到工程量清单项目综合单价的准确确定。

③ 项目特征是履行合同义务的基础。实行工程量清单计价，工程量清单及综合单价是施工合同的组成部分，因此，如果工程量清单项目特征的描述不清甚至漏项、错误，从而引起在施工过程中的更改，都会引起分歧，导致纠纷。

由此可见，清单项目特征的描述很重要，项目特征应根据附录中有关项目特征的要求，结合技术规范、施工图纸、标准图集，按照工程结构、使用材质及规格或安装位置等，予以详细表述和说明。项目特征的描述充分体现了设计文件和业主的要求。

可以说没有准确的项目特征描述，清单项目就没有了生命力。由于种种原因，对同一项目，由不同的人描述，会有不同的结论或答案。尽管如此，对体现项目本质区别的特征和对报价有实质影响的内容必须描述，描述时应把握以下内容。

① 必须描述的内容如下。

a. 涉及正确计量计价的必须描述。如砼垫层厚度、地沟是否靠墙、保温层的厚度等。

b. 涉及结构要求的必须描述。如砼强度等级(C20 或 C30)、砌筑砂浆的种类和强度等级(M5 或 M10)。

c. 涉及施工难易程度的必须描述。如抹灰的墙体类型(砖墙或砼墙等)、天棚类型(现浇天棚或预制天棚等)、抹灰面油漆等。

d. 涉及材质要求的必须描述。如装饰材料、玻璃、油漆的品种、管材的材质(碳钢管、无缝钢管等)。

e. 涉及材料品种规格厚度要求的必须描述。如地砖、面砖、瓷砖的大小、抹灰砂浆的厚度和配合比等。

② 可不详细描述的内容如下。

a. 无法准确描述的可不详细描述。如土的类别可描述为综合(对工程所在具体地点来讲，应由投标人根据地勘资料确定土壤类别，决定报价)。

b. 施工图、标准图集标注明确的、用文字往往又难以准确和全面予以描述的，可不再详细描述(可直接描述为详见××图集或××图××节点)。

c. 在项目划分和项目特征描述时，为了清单项目粗细适度和便于计价，应尽量与消耗量定额相结合。例如，柱截面不一定要描述具体尺寸，可描述成柱断面周长 1800 以内或 1800 以上；钢筋不一定要描述具体规格，可描述成 $\Phi10$ 以内圆钢筋、$\Phi10$ 以上圆钢筋、$\Phi10$ 以上螺纹钢筋(Ⅱ级)、$\Phi10$ 以上螺纹钢筋(Ⅲ级)；现浇板可根据厚度描述成板厚 100 以内或 100 以上；地砖规格也可描述成周长 1200 以内、2000 以内、2000 以上等。

③ 可不描述的内容如下。

a. 对项目特征或计量计价没有实质影响的内容可以不描述。如砼柱高度、断面大小等。

b. 应由投标人根据施工方案确定的可不描述。如外运土的运距、外购黄土的距离等。

c. 应由投标人根据当地材料供应确定的可不描述。如砼拌和料使用的石子种类及粒径、砂子的种类等。

d. 应由施工措施解决的可不描述。如现浇砼板、梁的标高、板的厚度、砼墙的厚度等。

④ 此外，由于《建设工程工程量清单计价规范》(GB 50500—2013)中的项目特征是参考项目，因此，对规范中没有项目特征要求的少数项目，计价时需要按一定要求计量的必须描述的，应予以特别的描述。如"门窗洞口尺寸"或"框外围尺寸"是影响报价的重要因素，虽然《建设工程工程量清单计价规范》(GB 50500—2013)的项目特征中没有此内容，但是编制清单时，如门窗以"樘"为计量单位就必须描述，以便投标人准确报价。如门窗以"m²"为计量单位时，可不描述"洞口尺寸"。同样"门窗的油漆"也是如此。如《建设工程工程量清单计价规范》(GB 50500—2013)中的地沟在项目特征中没有提示要描述地沟是靠墙还是不靠墙，但是实际中的靠墙地沟和不靠墙地沟差异很大，应予以特别描述。

4) 工程内容的描述

工程内容是指完成该清单项目可能发生的具体内容，可供招标人确定清单项目和投标人投标报价参考，工程内容的描述充分体现了业主在清单项目上的意图。

项目特征和工程内容是两个不同性质的规定，分部分项工程量清单项目价值的大小是"项目特征"，而非"工程内容"。因此，一是项目特征必须描述，因为其讲的是工程项目的实质，直接决定工程的价值(做什么)；二是工程内容可以不描述或无须描述，因为其主要讲的是操作过程(怎么做)。

计价规范中关于工程内容的规定来源于原预算定额，实行工程量清单计价后，由于两种计价方式的差异，清单计价对项目特征的要求才是必要的。

工程内容中有项目特征中没有的(如砖基础防潮层)，如果实际工程中有的，就必须在项目特征中描述，而不能以工程内容中有而不描述，否则，将视为清单项目漏项，而可能在施工中引起索赔。

5) 项目名称的定义和描述无具体格式要求

描述"项目特征"时，全部描述比较烦琐，能否引用施工图(如第几项的内容)？

项目特征是描述清单项目的重要内容，是投标人投标报价的重要依据，招标人应按《建设工程工程量清单计价规范》的要求，将项目特征详细描述清楚，便于投标人报价。

由此可见，招标人应高度重视清单项目特征的描述，任何不描述或描述不清，均会在施工中产生分歧、纠纷、索赔。

编制工程量清单时，以《建设工程工程量清单计价规范》(GB 50500—2013)"分部分项工程量清单项目"中的项目名称为主体，考虑该项目的规格、型号、材质等特征要求，结合拟建工程的实际情况，工程项目内容描述是其工程量项目名称具体化、细化、能够反映影响工程造价的主要因素。工程项目内容描述很重要，它是计价人计算综合单价的主要依据。描述具有唯一性，即所有计价人的理解是唯一的。

3. 分部分项工程量清单编制的重点

工程量清单编制的重点：分部分项清单项目工程量的计算(工程计量)。

(1) 工程量的计算应符合《建设工程工程量清单计价规范》(GB 50500—2013)中"工程量计算规则"的规定。

(2) 工程数量应依据工程量计算规则计算得到。工程量计算规则是指对清单项目工程量计算的规定，除另有说明外，所有清单项目的工程量应以实体工程量为准，并以完成后的净值计算。

(3) 组价时工程量(施工量)的计算应符合《消耗量定额》中"工程量计算规则"的规定(编制标底时)。投标人投标报价时，应在单价中考虑施工中的各种损耗和需要增加的工程量。也就是说，造价及管理人员现阶段要同时熟悉两套"工程量计算规则"。

一个分部分项工程项目清单是由项目编码、项目名称、项目特征、计量单位和工程量五个要件构成，这五个要件在分部分项工程项目清单的组成中缺一不可。

由于现行国家标准将计价与计量规范分设，因此，分部分项工程项目清单必须根据相关工程现行国家计量规范编制。

4. 分部分项工程量清单的编制

分部分项工程量清单的编制，首先要实行四统一的原则，即统一项目编码、统一项目名称、统一计量单位、统一工程量计算规则。在四统一的前提下编制清单项目。

分部分项工程量清单应包括项目编码、项目名称、计量单位和工程数量。清单编码以12 位阿拉伯数字表示。其中 1、2 位是附录顺序码，3、4 位是专业工程顺序码，5、6 位是分部工程顺序码，7、8、9 位是分项工作顺序码，10、11、12 位是清单项目名称顺序码。其中前 9 位是《建设工程工程量清单计价规范》给定的全国统一编码，根据规范附录 A、附录 B、附录 C、附录 D、附录 E 的规定设置，后 3 位清单项目名称顺序码由编制人根据图纸的设计要求设置。

3.2.3 措施工程项目

措施项目清单计价表中的序号、项目名称应按措施项目清单的相应内容填写，不得减少或修改。但投标人可根据拟建工程的施工组织设计，增加其不足的措施项目并报价。 措施项目清单计价表中的金额，以山东省为例，山东省建设工程工程量清单计价办法提供了两种计算方法。

1. 以定额或组织设计报价

当以定额或组织设计报价时，一般应按下列顺序进行。

(1) 应根据项目措施清单和拟建工程的施工组织设计，确定措施项目。

(2) 确定该措施项目所包含的工程内容。

(3) 以现行的山东省建筑工程量清单计算规则，分别计算该措施项目所含每项工程内容的工程量。

其他费用.mp3

(4) 根据确定的工程内容,参照"措施项目设置及其消耗量定额(计价方法)"表中的消耗定额，确定人工、材料、机械台班消耗量。

(5) 应根据山东省建设工程量清单计价办法规定的费用组成，参照其计算方法，或参照工程造价主管部门发布的信息价格，确定相应单价。

(6) 计算措施项目所含某项工程内容的人工、材料、机械台班的价款。

措施项目所含工程内容人、材、机价款=∑(人、材、机消耗量×人、材、机单价)×

措施项目所含每项工程内容工程量

(7) 措施项目人工、材料、机械台班价款。

措施项目人、材、机价款=∑措施项目所含某项工程内容人工、材料、机械台班的价款

(8) 应根据山东省建设工程量清单计价办法规定的费用项目组成，参照其计算方法，或参照工程造价主管部门发布的相关费率，结合本企业和市场的情况，确定管理费率、利润率。

(9) 金额。

① 建筑工程金额=措施项目人、材、机×(1+利润率)

② 装饰装修工程金额=措施项目人、材、机价款+措施项目中人工费 ×(管理费率+利润率)

③ 安装工程金额=措施项目人、材、机价款+措施项目中人工费×(管理费率+利润率)

2. 以工程造价管理机构发布的费率计算

当以工程造价管理机构发布的费率计算时，措施项目费(包括人工、材料、机械台班和

管理费、利润)的计算如下。

(1) 建筑工程措施项目费=分部分项工程费的(人工费+材料费+机械台班费)×相应措施项目费率

(2) 装饰装修工程措施项目费=分部分项工程费的人工费×相应措施项目费率

(3) 安装工程措施项目费=分部分项工程费的人工费×相应措施项目费率

3. 措施项目费的组成

1) 安全文明施工费

安全文明施工费包括文明施工费、安全施工费、环境保护费、临时设施费。

2) 施工措施项目费

(1) 通用措施项目。

① 夜间施工增加费(缩短工期措施费)。

② 二次搬运费。

③ 冬雨季施工增加费。

④ 大型机械设备进出场及安拆费(包括基础及轨道铺拆费)。

⑤ 施工排水费。

⑥ 施工降水费。

⑦ 地上、地下设施,建筑物的临时保护设施费。

⑧ 已完工程及设备保护费。

(2) 专业工程措施项目。

建筑工程:

① 高层建筑增加费。

② 脚手架搭拆费。

③ 垂直运输机械费。

④ 混凝土模板及支架。

装饰装修工程:

① 高层建筑增加费。

② 脚手架搭拆费。

③ 垂直运输机械费。

④ 室内空气污染测试费。

(3) 施工措施项目费。

① 大型机械进出场费及安拆费:是指机械在施工现场进行安装、拆卸所需人工费、材料费、机械费、试运转费和安装所需的辅助设施的费用及机械整体或分体自停放场地运至施工现场,或由一个施工地点运至另一个施工地点,所发生的机械进出场运输及转移费用。

② 混凝土、钢筋混凝土模板及支架费：是指混凝土施工过程中需要的各种钢模板、木模板、支架等的支、拆、运输费用及模板、支架的摊销(或租赁)费用。

③ 高层建筑增加费：建筑物超过 6 层或者檐高超过 20m 需要增加的人工降效和机械降效等费用。

④ 超高增加费：操作高度距离楼地面超过一定的高度需要增加的人工降效和机械降效等费用。

⑤ 脚手架搭拆费：是指施工需要的各种脚手架搭拆费用及脚手架的摊销(或租赁)费用。

⑥ 施工排水、降水费：是指工程地点遇有积水或地下水影响施工需采用人工或机械排(降)水所发生的费用(包括井点安装、拆除和使用费用等)。

⑦ 检验试验费：是指新结构、新材料的试验费和建设单位对具有出厂合格证明的材料进行检验，对构件做破坏性试验及其他特殊要求检验试验的费用，包括试桩费、幕墙抗风试验费、桥梁荷载试验费、室内空气污染测试费等。

⑧ 缩短工期措施费：是指由于合同工期小于定额工期时，应计算的措施费，包括以下内容。

a. 夜间施工增加费：是指因夜间施工所发生的夜班补助费、夜间施工降效、夜间施工照明设备摊销及照明用电等费用。

b. 周转材料加大投入量及增加场外运费：是指由于合同工期小于定额工期时，施工不能按正常流水进行，因赶工需加大周转材料投入量及所增加的场外运费等费用。

⑨ 无自然采光施工通风、照明、通信设施增加费：是指在无自然光环境下施工时所需通风设施、照明设施及通信设施所增加的费用。

⑩ 二次搬运费：是指因场地狭小，或障碍物等引起的材料、半成品、设备、机具等超过一定运距或发生的二次搬运、装拆所需的人工增加费(包括运输损耗)。

⑪ 已完工程及设备保护费：是指工程完工后未经验收或未交付使用期间的保养、维护所发生的费用。

3.2.4 ▏其他工程项目

其他项目清单是指清单计价中分部分项工程量清单、措施项目清单所包含的内容以外，因招标人的特殊要求而发生的与拟建工程有关的其他费用项目和相应数量的清单。工程建设标准的高低、工程的复杂程度、工程的工期长短、工程的组成内容、发包人对工程管理的要求等都直接影响其他项目清单的具体内容。

其他项目清单一般包括暂列金额；暂估价(包括材料暂估价、工程设备暂估价、专业工程暂估价)；计日工；总承包服务费。

(1) 暂列金额：是指招标人在工程量清单中暂定并包括在合同价款中的一笔款项，用于工程合同签订时尚未确定或者不可预见的所需材料、工程设备、服务的采购，施工中可能发生的工程变更、合同约定调整因素出现时的合同价款调整，以及发生的索赔、现场签证确认等的费用。

(2) 暂估价：是指招标人在工程量清单中提供的用于支付必然发生但暂时不能确定价格的材料、工程设备以及专业工程的金额。暂估价中的材料、工程设备暂估价应根据工程造价信息或者参考市场价格估算。专业工程暂估价应分不同专业，按照有关计价规定估算，一般应是综合单价，应当包括除规费、税金以外的管理费、利润等。

(3) 计日工：是指在施工过程中，承包人完成发包人提出的工程合同范围以外的零星项目或工作，按照合同约定的单价计价的一种方式。计日工是为了解决现场发生的零星工作的计价而设立的。计日工对完成零星工作所消耗的人工工时、材料数量、施工机械台班进行计量，并按照计日工表中填报的适用项目的单价进行计价支付。计日工适用的所谓的零星项目是指合同约定之外的或者因变更而产生的、工程量清单中没有相应项目的额外工作，尤其是那些难以事先商定价格的额外工作。

(4) 总承包服务费：是指承包人为配合协调发包人进行的专业发包，对发包人自行采购的材料、工程设备进行保管以及施工现场管理、竣工资料汇总等服务所需的费用。招标人应预计该项费用并按照投标人的投标报价向投标人支付此项费用。

3.2.5 规费

规费是根据省级政府或省级有关权力部门规定必须缴纳，应计入建筑安装工程造价的费用，包括工程排污费、社会保障费、住房公积金、工伤保险及危险作业意外伤害保险。规费是不可竞争费用。营改增后规费不作调整，仍为营改增前的规费。

(1) 工程排污费是指施工现场按规定缴纳的工程排污费。

(2) 社会保障费包括养老保险费、失业保险费和医疗保险费。

① 养老保险费是指企业按规定标准为职工缴纳的基本养老保险。

② 失业保险费是指企业按规定标准为职工缴纳的失业保险费。

③ 医疗保险费是指企业按规定标准为职工缴纳的基本医疗保险费。

(3) 住房公积金是指企业按规定标准为职工缴纳的住房公积金。

规费和税金的区别.mp3

(4) 工伤保险及危险作业意外伤害保险是指企业按照《工伤保险条例》为职工缴纳的工伤保险或按照《建筑法》规定，为从事危险作业的建筑安装施工人员支付的意外伤害保险费。

3.2.6 税金

1. 税金的定义

建筑安装工程费用的税金是指国家税法规定应计入建筑安装工程造价内的增值税销项

税额，按税前造价乘以增值税税率确定。增值税是以商品(含应税劳务)在流转过程中产生的增值额作为计税依据而征收的一种流转税。从计税原理上说，增值税是对商品生产、流通、劳务服务中多个环节的新增价值或商品的附加值征收的一种流转税。根据财政部、国家税务总局《关于全面推开营业税改征增值税试点的通知》(财税[2016] 36 号)要求，建筑业自2016 年 5 月 1 日起纳入营业税改征增值税试点范围(简称营改增)。建筑业营改增后，工程造价按"价税分离"计价规则计算，具体要素价格适用增值税税率执行财税部门的相关规定。税前工程造价为人工费、材料费、施工机具使用费、企业管理费、利润与规费之和。

2. 增值税计税方法

1) 一般计税方法

一般计税方法的应纳税额，是指档期销项税额抵扣当期进项税额后的余额，应纳税额计算公式为：

$$应纳税额=当期销项税额-当期进项税额$$

(1) 销项税额。

销项税额是指纳税人发生应税行为按照销售额和增值税税率计算并收取的增值税额。销项税额计算公式：

$$销项税额=销售额×税率$$

(2) 进项税额。

进项税额是指纳税人购进货物、加工修理修配劳务、服务、无形资产或者不动产，支付或者负担的增值税额。

注意，下列进项税额准予从销项税额中抵扣：

① 从销售方取得的增值税专用发票上注明的增值税额。

② 从海关取得的海关进口增值税专用缴款书上注明的增值税额。

③ 购进农产品，除取得增值税专用发票或者海关进口增值税专用缴款书外，按照农产品收购发票或者销售发票上注明的农产品买价和13%的扣除率计算的进项税额。计算公式为：

$$进项税额=买价×扣除率$$

④ 从境外单位或个人购进服务、无形资产或者不动产，自税务机关或者扣缴义务人取得的解缴税款的完税凭证上注明的增值税额。

(3) 采用一般计税方法时增值税的计算。

当采用一般计税方法时，建筑业增值税税率为 11%。计算公式为：

$$增值税=税前造价×11\%$$

税前造价为人工费、材料费、施工机具使用费、企业管理费、利润和规费之和，各费用项目均以不包含增值税可抵扣进项税额的价格计算。

2) 简易计税方法

(1) 简易计税的适用范围。

根据《营业税改征增值税试点实施办法》以及《营业税改征增值税试点有关事项的规定》的规定，简易计税方法主要适用于以下几种情况。

① 小规模纳税人发生应税行为适用简易计税方法计税。小规模纳税人通常是指纳税人提供建筑服务的年应征增值税销售额未超过 500 万元，并且会计核算不健全，不能按规定报送有关税务资料的增值税纳税人。年应税销售额超过 500 万元，但不经常发生应税行为的单位也可选择按照小规模纳税人计税。

② 一般纳税人以清包工方式提供的建筑服务，可以选择适用简易计税方法计税。以清包工方式提供建筑服务，是指施工方不采购建筑工程所需的材料或只采购辅助材料，并收取人工费、管理费或者其他费用的建筑服务。

③ 一般纳税人为甲供工程提供的建筑服务，可以选择适用简易计税方法计税。甲供工程，是指全部或部分设备、材料、动力由工程发包方自行采购的建筑工程。

④ 一般纳税人为建筑工程老项目提供的建筑服务，可以选择适用简易计税方法计税。

建筑工程老项目包括：

a.《建筑工程施工许可证》注明的合同开工日期在 2016 年 4 月 30 日前的建筑工程项目；

b. 未取得《建筑工程施工许可证》的，建筑工程承包合同注明的开工日期在 2016 年 4 月 30 日前的建筑工程项目。

(2) 简易计税方法的应纳税额。

应纳税额，是指按照销售额和增值税征收率计算的增值税额，不得抵扣进项税额。应纳税额计算公式：

$$应纳税额 = 销售额 \times 征收率$$

(3) 采用简易计税方法时增值税的计算。

当采用简易计税方法时，建筑业增值税税率为 3%，计算公式为：

$$增值税 = 税前造价 \times 3\%$$

税前造价为人工费、材料费、施工机具使用费、企业管理费、利润和规费之和，各项目费用均以包含增值税进项税额的含税价格计算。

第 3 章课件.pptx

第4章 招标控制价说成"出售价"不过分

招标控制价.mp3

招标控制价的
重要意义.mp3

招标控制价是招标人根据国家或省级、行业建设行政主管部门颁发的有关计价依据和办法以及招标人发布的工程量清单，对招标工程限定的最高价格。

4.1　招标控制价的"一般"尺度

4.1.1　招标控制价的一般规定

招标控制价的编制或审查应依据拟发布的招标文件和工程量清单，符合招标文件对工程价款确定和调整的基本要求。应正确、全面地使用有关国家标准、行业或地方有关的工程计价定额等工程计价依据。

招标控制价的编制宜参照工程所在地的工程造价管理机构发布的工程造价信息，确定人工、材料、机械使用费等要素价格，如采用市场价格，应通过调查、分析，有可靠的依据后确定。

招标控制价的编制应依据国家有关规定计算规费、税金和不可竞争的措施费用。对于竞争性的施工措施费用应依据工程特点，结合施工条件和合理的施工方案，本着经济实用、先进合理高效的原则确定。

4.1.2　招标控制价的文件组成

招标控制价的文件组成应包括：封面、签署页及目录、编制说明、有关表格等。

(1) 招标控制价封面、签署页应反映工程造价咨询企业、编制人、审核人、审定人、法定代表人或其授权人和编制时间等。

(2) 招标控制价编制说明应包括以下内容：工程概况，编制范围，编制依据，编制方法，有关材料、设备、参数和费用的说明，以及其他有关问题的说明。

(3) 招标控制价文件表格编制时宜按规定格式填写，招标控制价文件表格包括汇总表、分部分项工程量清单与计价表、工程量清单综合单价分析表、措施项目清单与计价表、其他项目清单与计价汇总表、规费、税金项目清单与计价表、暂列金额明细表、材料暂估单价表、专业工程暂估价表等。

(4) 招标控制价的签署页应按规定格式填写，签署页应按编制人、审核人、审定人、法定代表人或其授权人顺序签署。所有文件经签署并加盖工程造价咨询单位资质专用章和造价工程师或造价员执业或从业印章后才能生效。

4.2　编制与审查

4.2.1　招标控制价的编制

招标控制价的编制依据是指在编制招标控制价时需要进行工程量计量、价格确认、工程计价的有关参数、率值的确定等工作时所需的基础性资料。

1. 编制依据

(1) 国家、行业和地方政府的法律、法规及有关规定。

(2) 标准《建设工程工程量清单计价规范》(GB 50500—2013)。

(3) 国家、行业和地方建设主管部门颁发的计价定额和计价办法、价格信息及其相关配套计价文件。

(4) 国家、行业和地方有关技术标准和质量验收规范等。

(5) 工程项目地质勘查报告以及相关设计文件。

(6) 工程项目拟定的招标文件、工程量清单和设备清单。

(7) 答疑文件、澄清和补充文件以及有关会议纪要。

(8) 常规或类似工程的施工组织设计。

(9) 本工程涉及的人工、材料、机械台班的价格信息。

(10) 施工期间的风险因素。

(11) 其他相关资料。

招标控制价应
由谁编制.mp3

招标控制价编制.mp3

2. 编制程序

招标控制价编制应经历编制准备、文件编制和成果文件出具三个阶段的工作程序。

1) 编制准备阶段的主要工作

(1) 收集与本项目招标控制价相关的编制依据。

(2) 熟悉招标文件、相关合同、会议纪要、施工图纸和施工方案相关资料。

(3) 了解应采用的计价标准、费用指标、材料价格信息等情况。

(4) 了解本项目招标控制价的编制要求和范围。

(5) 对本项目招标控制价的编制依据进行分类、归纳和整理。

(6) 成立编制小组,就招标控制价编制的内容进行技术交底,做好编制前期的准备工作。

2) 文件编制阶段的主要工作

(1) 按招标文件、相关计价规则进行分部分项工程工程量清单项目计价,并汇总分部分项工程费。

(2) 招标文件、相关计价规则进行措施项目计价，并汇总措施项目费。

(3) 按招标文件、相关计价规则进行其他项目计价，并汇总其他项目费。

(4) 进行规费项目、税金项目清单计价。

(5) 对工程造价进行汇总，初步确定招标控制价。

3) 成果文件出具阶段的主要工作

(1) 审核人对编制人编制的初步成果文件进行审核。

(2) 审定人对审核后的初步成果文件进行审定。

(3) 编制人、审核人、审定人分别在相应成果文件上署名，并应签署造价工程师或造价员执业或从业印章。

(4) 成果文件经编制、审核和审定后，工程造价咨询企业的法定表人或其授权人在成果文件上签字或盖章。

(5) 工程造价咨询企业需在正式的成果文件上加盖本企业的执业印章。

3. 编制方法与内容

(1) 编制招标控制价时，对于分部分项工程费用计价应采用单价法。采用单价法计价时，应依据招标工程量清单的分部分项工程项目、项目特征和工程量，确定其综合单价，综合单价的内容应包括人工费、材料费、机械费、管理费和利润，以及一定范围的风险费用。

(2) 对于措施项目应分别采用单价法和费率法(或系数法)，对于可计量部分的措施项目应参照分部分项工程费用的计算方法采用单价法计价，对于以项计量或综合取定的措施费用应采用费率法。采用费率法时应先确定某项费用的计费基数，再测定其费率，然后将计费基数与费率相乘得到费用。

(3) 在确定综合单价时，应考虑一定范围内的风险因素。在招标文件中应通过预留一定的风险费用，或明确说明风险所包括的范围及超出该范围的价格调整方法。对于招标文件中未做要求的可按以下原则确定。

① 对于技术难度较大和管理复杂的项目，可考虑一定的风险费用，并纳入综合单价中。

② 对于设备、材料价格的市场风险，应依据招标文件的规定、工程所在地或行业工程造价管理机构的有关规定，以及市场价格趋势考虑一定率值的风险费用，纳入综合单价中。

③ 税金、规费等法律、法规、规章和政策变化的风险和人工单价等风险费用不应纳入综合单价中。

(4) 建设工程的招标控制价应由组成建设工程项目的各单项工程费用组成。各单项工程费用应由组成单项工程的各单位工程费用组成。各单位工程费用应由分部分项工程费、措施项目费、其他项目费、规费和税金组成。

(5) 招标控制价的分部分项工程费应由各单位工程的招标工程量清单乘以其相应综合

单价汇总而成。

(6) 招标工程发布的分部分项工程量清单对应的综合单价应按照招标人发布的分部分项工程量清单的项目名称、工程量、项目特征描述，依据工程所在地区颁发的计价定额和人工、材料、机械台班价格信息等进行组价确定，并应编制工程量清单综合单价分析表。

(7) 分部分项工程量清单综合单价的组价，应先依据提供的工程量清单和施工图纸，按照工程所在地区颁发的计价定额的规定，确定所组价的定额项目名称，并计算出相应的工程量；其次依据工程造价政策规定或工程造价信息确定其人工、材料、机械台班单价；同时，按照定额规定，在考虑风险因素确定管理费率和利润率的基础上，按规定程序计算出所组价定额项目的合价，然后将若干项所组价的定额项目合价相加除以工程量清单项目工程量，便得到工程量清单项目综合单价，对于未计价材料费(包括暂估单价的材料费)应计入综合单价。

$$定额项目合价=定额项目工程量×\left[\sum(定额人工消耗量×人工单价)+\sum(定额材料消耗量×材料单价)+\sum(定额机械台班消耗量×机械台班单价)+价差(基价或人工、材料、机械费用)+管理费和利润\right]$$

$$工程量清单综合单价=\sum(定额项目合价)+未计价材料费/工程量清单项目工程量$$

(8) 措施项目费应分别采用单价法、费率法计价。凡可精确计量的措施项目应采用单价法；不能精确计量的措施项目应采用费率法，以"项"为计量单位来综合计价。

$$某项措施项目清单费=措施项目计费基数×费率$$

(9) 采用单价法计价的措施项目的计价方法应参照分部分项工程量清单计价方式计价。

(10) 采用费率法计价的措施项目的计价方法应依据招标人提供的工程量清单项目，按照国家或省级、行业建设主管部门的规定，合理确定计费基数和费率。其中安全文明施工费应按国家或省级、行业建设主管部门的规定计价，不得作为竞争性费用。

(11) 其他项目费应采用下列方式计价。

① 暂列金额应按招标人在其他项目清单中列出的金额填写。

② 暂估价包括材料暂估价、专业工程暂估价。材料单价按招标人列出的材料单价计入综合单价，专业工程暂估价按招标人在其他项目清单中列出的金额填写。

③ 计日工。按招标人列出的项目和数量，根据工程特点和有关计价依据确定综合单价并计算费用。

④ 总承包服务费应根据招标文件中列出的内容和向总承包人提出的要求计算总承包费，其中：招标人仅要求对分包的专业工程进行总承包管理和协调时，按分包的专业工程估算造价的1.5%计算；招标人要求对分包的专业工程进行总承包管理和协调并同时要求提供配合服务时，根据招标文件中列出的配合服务内容和提出的要求按分包的专业工程估算造价的3%～5%计算；招标人自行供应材料的，按招标人供应材料价值的1%计算。

(12) 规费应采用费率法编制。应按照国家或省级、行业建设主管部门的规定确定计费基数和费率计算，不得作为竞争性费用。

(13) 税金应采用费率法编制。应按照国家或省级、行业建设主管部门的规定，结合工程所在地情况确定综合税率并参照相关公式计算，不得作为竞争性费用。

税金=(分部分项工程量清单费+措施项目清单费+其他项目清单费+规费)×综合税率

4.2.2 招标控制价的审查

招标控制价是招标人或受招标人委托具有相应资质的工程造价咨询人，根据国家或省级、行业建设主管部门颁发的有关计价依据和办法，按照施工图纸计算的，对招标工程限定的最高造价。招标控制价的准确与否关系到工程投标报价的高低和工程的实际造价，因此必须对招标控制价进行审核。

(1) 招标控制价的审查依据包括本书 4.2.1 节规定的招标控制价的编制依据以及招标人发布的招标控制价。

(2) 招标控制价的审查方法可依据项目的规模、特征、性质及委托方的要求等采用重点审查法、全面审查法。重点审查法适用于投标人对个别项目进行投诉的情况；全面审查法适用于各类项目的审查。

(3) 招标控制价应重点审查以下几个方面。

① 招标控制价的项目编码、项目名称、工程数量、计量单位等是否与发布的招标工程量清单项目一致。

② 招标控制价的总价是否全面，汇总是否正确。

审核 招标控制价.mp3

③ 分部分项工程综合单价的组成是否符合现行国家标准《建设工程工程量清单计价规范》(GB 50500—2013)和其他工程造价计价依据的要求。

④ 措施项目施工方案是否正确、可行，费用的计取是否符合现行国家标准《建设工程工程量清单计价规范》(GB 50500—2013)和其他工程造价计价依据的要求。安全文明施工费是否执行了国家或省级、行业建设主管部门的规定。

⑤ 管理费、利润、风险费以及主要材料及设备的价格是否正确、得当。

⑥ 规费、税金是否符合现行国家标准《建设工程工程量清单计价规范》(GB 50500—2013)的要求，是否执行了国家或省级、行业建设主管部门的规定。

审查的 4 个重要环节.mp3

4.2.3 某五层办公楼招标控制价编制实例

本节以实战操作篇的某五层办公楼案例为依托，在绘图操作的映衬前提下，进行工程量清单招标控制价的编制。

　　某五层办公楼工程量清单招标控制价编制内容及编制顺序如下。

　　(1) 招标控制价封面(见封2)。

　　(2) 招标控制价扉页(见扉2)。

　　(3) 总说明(见表-01)。

　　(4) 单位工程招标控制价汇总表(见表-04)。

　　(5) 分部分项工程和单价措施项目与计价表(见表-08)。

　　(6) 综合单价分析表(见表-09)。

　　(7) 总价措施项目清单与计价表(见表-11)。

　　(8) 其他项目清单与计价汇总表(见表-12)。

　　① 暂列金额明细表(见表-12-1)。

　　② 材料(工程设备)暂估单价及调整表(见表-12-2)。

　　③ 专业工程暂估价及结算表(见表-12-3)。

　　④ 计日工表(表-12-4)。

　　⑤ 总承包服务费计价表(见表-12-5)。

　　(9) 规费、税金项目与计价表(见表-13)。

　　(10) 发包人提供材料和工程设备一览表(见表-20)。

　　(11) 承包人提供主要材料和工程设备一览表(适用于造价信息差额调整法)(见表-21)。

　　(12) 承包人提供主要材料和工程设备一览表(适用于价格指数差额调整法)(见表-22)。

　　由于以上报表中总说明(见表-01),分部分项工程和单价措施项目与计价表(见表-08)、综合单价分析表(见表-09),总价措施项目清单与计价表(见表-11),规费、税金项目与计价表(见表-13),发包人提供材料和工程设备一览表(见表-20),承包人提供主要材料和工程设备一览表(适用于造价信息差额调整法)(见表-21)和承包人提供主要材料和工程设备一览表(适用于价格指数差额调整法)(见表-22)与招标控制价报表和竣工结算报表中的内容一致,故将相关表格集中放在第9章工程计价表格中,以方便读者集中对比学习。

招标控制价不是
施工图预算.mp3

第4章课件.pptx

第5章 投标报价写成"买卖价"刚刚好

投标的概念.mp3

5.1　两家花钱的一般"规矩"

投标人为了得到工程施工承包的资格，在工程采用招标发包的过程中，由投标人按照招标文件的要求，根据工程特点，并结合自身的施工技术、装备和管理水平，依据有关计价规定和投标策略确定工程造价。它是投标人希望达成工程承包交易的期望价格，原则上不能高于招标人设定的招标控制价，如果中标，这个价格就是合同谈判和签订合同、确定工程价格的基础。

投标报价的基本原则是不得低于工程成本。投标价应由投标人或受其委托具有相应资质的工程造价咨询人编制。投标报价编制和确定的最基本特征是投标人自主报价，它是市场竞争形成价格的体现，投标人应依据《建设工程工程量清单计价规范》(GB 50500—2013)第6.2.1条的规定自主确定投标报价。

投标报价应以下列依据编制和复核。

(1) 本规范(《建设工程工程量清单计价规范》)。

(2) 国家或省级、行业建设主管部门颁发的计价办法。

(3) 企业定额，国家或省级、行业建设主管部门颁发的计价定额和计价办法。

(4) 招标文件、招标工程量清单及其补充通知、答疑纪要。

(5) 建设工程设计文件及相关资料。

(6) 施工现场情况、工程特点及投标时拟定的施工组织设计或施工方案。

投标报价的
基本原则.mp3

(7) 与建设项目相关的标准、规范等技术资料。

(8) 市场价格信息或工程造价管理机构发布的工程造价信息。

(9) 其他相关资料。

实行工程量清单招标，招标人在招标文件中提供招标工程量清单，其目的是使各投标人在投标报价中有共同的竞争平台。因此，要求投标人在投标报价中填写的工程量清单的项目编码、项目名称、项目特征、计量单位、工程量必须与招标工程量清单上的一致。

国有资金投资的工程，其招标控制价相当于政府采购中的采购预算，且其定义就是最高投标限价，因此，在国有资金投资工程的投标活动中，投标人的投标报价不能高于招标控制价，否则应予废标。

5.2　编制与复核

5.2.1 ┃ 投标报价的编制

投标报价是投标过程中的核心工作，不仅是能否中标的关键，在很大程度上也是将来能否获取利润的关键。

1. 投标报价的编制依据

投标报价的编制依据如下。

(1)《建设工程工程量清单计价规范》(GB 50500—2013)。

(2) 国家或省级、行业建设主管部门颁发的计价办法。

(3) 企业定额，国家或省级、行业建设主管部门颁发的计价定额和计价办法。

(4) 招标文件、招标工程量清单及其补充通知、答疑纪要。

(5) 建设工程设计文件及相关资料。

(6) 施工现场情况、工程特点及投标时拟定的施工组织设计或施工方案。

(7) 与建设项目相关的标准、规范等技术资料。

(8) 市场价格信息或工程造价管理机构发布的工程造价信息。

(9) 其他相关资料。

2. 投标报价的编制原则

(1) 投标报价由投标人自主确定，但必须执行《建设工程工程量清单计价规范》(GB 50500—2013)的强制性规定。投标价应由投标人或受其委托，具有相应资质的工程造价咨询人编制。

(2) 投标人的投标报价不得低于成本。

(3) 投标报价要以招标文件中设定的承发包双方责任划分，作为考虑投标报价费用项目和费用计算的基础，承发包双方的责任划分不同，会导致合同风险不同的分摊，从而导致投标人选择不同的报价；根据工程承发包模式考虑投标报价的费用内容和计算深度。

(4) 以施工方案、技术措施等作为投标报价计算的基本条件；以反映企业技术和管理水平的企业定额作为计算人工、材料和机械台班消耗量的基本依据；充分利用现场考察、调研成果、市场价格信息和行情资料，编制基础标价。

(5) 报价计算方法要科学严谨、简明适用。

3. 投标报价的编制程序

(1) 了解设计文件及现场情况，拟定施工方案。

(2) 复核或计算工程量，如招标文件已给出工程量清单，在投标价格计算之前，应对工程量进行认真校核。

(3) 确定工料机单价和投标综合单价。

(4) 确定各类费用标准。

① 确定分包工程费。分包工程费用是投标报价的重要组成部分，因此在编制投标报价时需要确定合理的分包价格。

② 确定利润。投标人应根据本单位内部管理水平、市场情况以及竞争对手情况确定工程利润，以保证投标报价具有一定的竞争性。

③ 确定风险费用。根据以往类似工程情况以及工程现场实际情况，由专业人士对可能发生的因素逐项分析后确定合理的风险费用。

标书编制策略.mp3

(5) 确定投标价格。将以上所有费用汇总计算后确定最后的投标报价。

5.2.2 复核及注意事项

在工程量清单计价模式下，由于图纸工程量差异和实施中数据变更，对施工单位存在潜在风险。快速准确复核工程量，分析识别和正确评估这些风险影响的大小，采取合理合适的报价策略，对顺利完成项目施工任务和提高企业的项目效益具有重要意义。

(1) 分部分项工程和措施项目中的单价项目最主要是确定综合单价。

① 确定依据。确定分部分项工程和措施项目中的综合单价的重要依据之一是该清单项目的特征描述，投标人投标报价时应依据招标工程量清单项目的特征描述确定清单项目的综合单价，在招投标过程中，当出现招标工程量清单特征描述与设计图纸不符时，投标人应以招标工程量清单的项目特征描述为准，确定投标报价的综合单价。

当施工中施工图纸或设计变更与招标工程量清单项目特征描述不一致时，发承包双方应按照实际施工的项目特征依据合同约定重新确定综合单价。

② 材料、工程设备暂估价。招标工程量清单中提供了暂估单价的材料、工程设备，按暂估的单价编入综合单价。

③ 风险费用。招标文件中要求投标人承担的风险内容和范围，投标人应考虑编入综合单价。在施工过程中，当出现的风险内容及其范围(幅度)在招标文件规定的范围内时，合同价款不再调整。

(2) 由于各投标人拥有的施工装备、技术水平和采用的施工方法有所差异，而招标人提出的措施项目清单是根据一般情况确定的，没有考虑不同投标人的"个性"，投标人投标时应根据自身编制的投标施工组织设计(或施工方案)确定措施项目,投标人根据投标施工组织设计(或施工方案)调整和确定措施项目应通过评标委员会的评审。

① 措施项目中的总价项目应采用综合单价方式报价,包括除规费、税金外的全部费用。

② 措施项目中的安全文明施工费应按照国家或省级、行业建设主管部门的规定计算确定。

(3) 措施项目中的总价项目金额应根据招标文件及投标时拟定的施工组织设计或施工方案,按《建设工程工程量清单计价规范》(GB 50500—2013)第3.1.4条的规定自主确定。其中安全文明施工费应按照《建设工程工程量清单计价规范》(GB 50500—2013)第3.1.5条的规定确定。

3.1.4 工程量清单应采用综合单价计价。

3.1.5 措施项目中的安全文明施工费必须按国家或省级、行业建设主管部门的规定计算,不得作为竞争性费用。

(4) 其他项目应按下列规定报价。

① 暂列金额应按照招标工程量清单中列出的金额填写,不得变更。

② 暂估价不得变动和更改。暂估价中的材料、工程设备必须按照暂估单价计入综合单价。专业工程暂估价必须按照招标工程量清单中列出的金额填写。

③ 材料、工程设备暂估价应按招标工程量清单中列出的单价计入综合单价。

④ 专业工程暂估价应按招标工程量清单中列出的金额填写。

⑤ 总承包服务费应根据招标工程量列出的专业工程暂估价内容和供应材料、设备情况,按照招标人提出的协调、配合与服务要求和施工现场管理需要自主确定。

⑥ 总承包服务费应根据招标工程量清单中列出的内容和提出的要求自主确定。

(5) 规费和税金的计取标准是依据有关法律、法规和政策规定制定的,具有强制性。投标人是法律、法规和政策的执行者,不能改变,更不能制定,而必须按照法律、法规、政策的有关规定执行。因此,本条规定投标人在投标报价时必须按照国家或省级、行业建设主管部门的有关规定计算规费和税金。

(6) 招标工程量清单与计价表中列明的所有需要填写单价和合价的项目,投标人均应填写且只允许填写一个报价。未填写单价和合价的项目,可视为此项费用已包含在已标价工程量清单中其他项目的单价和合价之中。当竣工结算时,此项目费用将不被承认。

(7) 投标总价应当与分部分项工程费、措施项目费、其他项目费和规费、税金的合计金额一致。

5.2.3 某五层办公楼工程量清单投标报价编制实例

本节以实战操作篇的某五层办公楼案例为依托,在绘图操作的映衬前提下,进行工程量清单投标报价的编制。

某五层办公楼工程量清单投标报价编制内容及编制顺序如下。

(1) 投标总价封面(见封3)。

(2) 投标总价扉页(见扉3)。

(3) 总说明(见表-01)。

(4) 单位工程投标报价汇总表(见表-04)。

(5) 分部分项工程和单价措施项目与计价表(见表-08)。

(6) 综合单价分析表(见表-09)。

(7) 总价措施项目清单与计价表(见表-11)。

(8) 其他项目清单与计价汇总表(见表-12)。

① 暂列金额明细表(见表-12-1)。

② 材料(工程设备)暂估单价及调整表(见表-12-2)。

③ 专业工程暂估价及结算表(见表-12-3)。

④ 计日工表(见表-12-4)。

⑤ 总承包服务费计价表(见表-12-5)。

(9) 规费、税金项目与计价表(见表-13)。

(10) 总价项目进度款支付分解表(见表-16)。

(11) 发包人提供材料和工程设备一览表(见表-20)。

(12) 承包人提供主要材料和工程设备一览表(适用于造价信息差额调整法)(见表-21)。

(13) 承包人提供主要材料和工程设备一览表(适用于价格指数差额调整法)(见表-22)。

由于以上报表中总说明(见表-01),分部分项工程和单价措施项目与计价表(见表-08)、综合单价分析表(见表-09),总价措施项目清单与计价表(见表-11),规费、税金项目与计价表(见表-13),发包人提供材料和工程设备一览表(见表-20)、承包人提供主要材料和工程设备一览表(适用于造价信息差额调整法)(见表-21)和承包人提供主要材料和工程设备一览表(适用于价格指数差额调整法)(见表-22)与招标控制价报表和竣工结算报表中的内容一致,故将相关表格集中放在第9章工程计价表格中,以方便读者集中对比学习。

第 5 章课件.pptx

投标报价的
策略.mp3

投标文件的
递交.mp3

投标注意事项.mp3

工程量清单
招投标.mp3

第6章　竣工结算与支付

"一锤定音"

6.1　竣工结算，施工单位的"要账单"

竣工结算是由承建单位编制，结算范围是所承建的工程项目(局部)。结算成本是承包合同范围内的预算成本。竣工结算的编制基础是工程进度款结算，根据所收集的各种设计变更资料和修改图纸，以及现场签证、工程量核定单、索赔等资料进行合同价款的增减调整计算，最后汇总为竣工结算造价。

工程完工后，发承包双方必须在合同约定的时间内办理工程竣工结算。

工程竣工结算应由承包人或受其委托具有相应资质的工程造价咨询人编制，并应由发包人或受其委托具有相应资质的工程造价咨询人核对。实行总承包的工程，由总承包人对竣工结算的编制负总责。

竣工结算的一般规定.mp3

工程完工后的竣工结算，是建设工程施工合同签订双方的共同权利和责任。由于社会分工的日益精细化，主要由发包人委托工程造价咨询人进行竣工结算审核已是现阶段办理竣工结算的主要方式。这一方式对建设单位有效控制投资、加快结算进度、提高社会效益等方面发挥了积极作用，但也存在个别工程造价咨询人不讲究执业质量、不顾发承包双方或一方的反对，单方面出具竣工结算文件的现象，由于施工合同签约中的一方或双方不签章认可，从而也不具有法律效力，但却形成了合同价款争议，影响结算的办理。当发承包双方或一方对工程造价咨询人出具的竣工结算文件有异议时，可向工程造价管理机构投诉，申请对其进行执业质量鉴定。

工程造价管理机构对投诉的竣工结算文件进行质量鉴定：工程造价管理机构受理投诉后，应当组织专家对投诉的竣工结算文件进行质量鉴定，并作出鉴定意见。

竣工结算书是反映工程造价计价规定执行情况的最终文件，发承包双方竣工结算办理完毕，发包人应将竣工结算文件报送工程所在地或有该工程管辖权的行业管理部门的工程造价管理机构备案，以便工程造价管理机构对《建设工程工程量清单计价规范》(GB 50500—2013)的执行情况进行监督和检查。

6.2　竣工结算，该给的都给吧

工程竣工结算按照结算对象分为单位工程竣工结算、单项工程竣工结算、建设项目竣工总结算三种。其中，单位工程竣工结算和单项工程竣工结算也可以视为建设项目的分阶段结算。

6.2.1 ‖ 竣工结算的编制依据

工程竣工结算应以下列依据编制。

(1) 《建设工程工程量清单计价规范》(GB 50500—2013)。

(2) 工程合同。

(3) 发承包双方实施过程中已确认的工程量及其结算的合同价款。

(4) 发承包双方实施过程中已确认调整后追加(减)的合同价款。

(5) 建设工程设计文件及相关资料。

(6) 投标文件。

(7) 其他依据。

竣工结算的分类.mp3　　竣工结算的编制依据.mp3

6.2.2 ‖ 竣工结算的编制原则

(1) 分部分项工程和措施项目中的单价项目应依据发承包双方确认的工程量与已标价工程量清单的综合单价计算;发生调整的,应以发承包双方确认调整的综合单价计算。

(2) 措施项目中的总价项目应依据已标价工程量清单的项目和金额计算;发生调整的,应以发承包双方确认调整的金额计算。

(3) 其他项目按下列规定计算。

① 计日工应按发包人实际签证确认的事项计算。

② 发包人在招标工程量清单中给定暂估价的材料、工程设备和专业工程属于依法必须招标的,应由发承包双方以招标方式选择供应商确定的中标价格取代暂估价;不属于依法必须招标的,承包人按合同约定采购,经发包人确认单价后取代暂估价。

③ 总承包服务费应依据已标价工程量清单的金额计算;发生调整的,应以发承包双方确认调整的金额计算。

④ 索赔费用应依据发承包双方确认的索赔事项和金额计算。

⑤ 现场签证费用应依据发承包双方签证资料确认的金额计算。

⑥ 暂列金额应减去合同价款调整(包括索赔和现场签证)金额计算,如有余额归发包人,如有差额由发包人补足。

竣工结算的原则.mp3

(4) 规费和税金按国家或省级、行业建设行政主管部门的规定计算。

(5) 发承包双方在合同工程实施过程中已经确认的工程计量结果和合同价款，在竣工结算办理中应直接进入结算。

6.2.3 竣工结算的编制

竣工结算是在工程竣工并经验收合格后，在原合同造价的基础上，将有增减变化的内容，按照施工合同约定的方法与规定，对原合同造价进行相应的调整，编制确定工程实际造价并作为最终结算工程价款的经济文件。

工程竣工结算的内容和编制方法与施工图预算基本相同，只是结合施工中设计变更、材料价差等实际变动情况，在原施工图预算的基础上作部分增减调整。

工程量的量差是指原施工图预算所列分项工程量与实际完成的分项工程量不符而发生的差异。这是编制竣工结算的主要部分。这部分量差主要由以下原因造成。

1) 设计单位提出的设计变更

工程开工后，由于某种原因，设计单位要求改变某些施工方法，经与建设单位协商后，填写设计变更通知单，作为结算增减工程量的依据。

2) 施工企业提出的设计变更

这种情况比较多见，由于施工方面的原因，如施工条件发生变化、某种材料缺货需改用其他材料代替等，要求设计单位进行的设计变更。经设计单位和建设单位同意后，填写设计变更洽商记录，作为结算增减工程量的依据。

3) 建设单位提出的设计变更

工程开工后，建设单位根据自身的意向和资金筹措到位的情况，增减某些具体工程项目或改变某些施工方法。经与设计单位、施工企业、监理单位协商后，填写设计变更洽商记录，作为结算增减工程量的依据。

4) 监理单位或建设单位工程师提出的设计变更

这种情况是因为发现有设计错误或不足之处，经设计单位同意提出设计变更。

5) 施工中遇到某种特殊情况引起的设计变更

在施工中，由于遇到一些原设计无法预计的情况，如基础开挖后遇到古墓、枯井、孤石、流沙、阴河等，需要进行处理。设计单位、建设单位、施工企业、监理单位共同研究，提出具体处理意见，填写设计变更洽商记录，作为结算增减工程量的依据。

6.2.4 竣工结算的程序

1. 承包人提交竣工结算文件

合同工程完工后，承包人应在经发承包双方确认的合同工程期中价款结算的基础上汇总编制完成竣工结算文件，应在提交竣工验收申请的同时向发包人提交竣工结算文件。

承包人未在合同约定的时间内提交竣工结算文件，经发包人催告后14天内仍未提交或没有明确答复的，发包人有权根据已有资料编制竣工结算文件，作为办理竣工结算和支付结算款的依据，承包人应予以认可。

竣工结算的程序.mp3

2. 发包人复核竣工结算文件

发包人应在收到承包人提交的竣工结算文件后的28天内核对。发包人经核实，认为承包人还应进一步补充资料和修改结算文件的，应在上述时限内向承包人提出核实意见，承包人在收到核实意见后的28天内应按照发包人提出的合理要求补充资料，修改竣工结算文件，并应再次提交给发包人复核后批准。

发包人应在收到承包人再次提交的竣工结算文件后的28天内予以复核，并将复核结果通知承包人，并应遵守下列规定。

(1) 发包人、承包人对复核结果无异议的，应在7天内在竣工结算文件上签字确认，竣工结算办理完毕。

(2) 发包人或承包人对复核结果认为有误的无异议部分按照本条第1款的规定办理不完全竣工结算；有异议部分由发承包双方协商解决；协商不成的，应按照合同约定的争议解决方式处理。

发包人在收到承包人竣工结算文件后的28天内，不核对竣工结算或未提出核对意见的，应视为承包人提交的竣工结算文件已被发包人认可，竣工结算办理完毕。

承包人在收到发包人提出的核实意见后的28天内，不确认也未提出异议的，应视为发包人提出的核实意见已被承包人认可，竣工结算办理完毕。

发包人委托工程造价咨询人核对竣工结算的，工程造价咨询人应在28天内核对完毕，核对结论与承包人竣工结算文件不一致的，应提交给承包人复核；承包人应在14天内将同意核对结论或不同意见的说明提交工程造价咨询人。工程造价咨询人收到承包人提出的异议后，应再次复核，复核无异议的，应按《建设工程工程量清单计价规范》(GB 50500—2013)第11.3.3条第1款的规定办理；复核后仍有异议的，按《建设工程工程量清单计价规范》(GB 50500—2013)第11.3.3条第2款的规定办理。

承包人逾期未提出书面异议的，应视为工程造价咨询人核对的竣工结算文件已经承包人认可。

3. 对竣工结算文件的签认

对发包人或发包人委托的工程造价咨询人指派的专业人员与承包人指派的专业人员经核对后无异议并签名确认的竣工结算文件，除非发承包人能提出具体、详细的不同意见，发承包人都应在竣工结算文件上签名确认，如其中一方拒不签认的，按下列规定办理。

(1) 若发包人拒不签认的，承包人可不提供竣工验收备案资料，并有权拒绝与发包人或其上级部门委托的工程造价咨询人重新核对竣工结算文件。

(2) 若承包人拒不签认的，发包人要求办理竣工验收备案的，承包人不得拒绝提供竣工验收资料，否则，由此造成的损失，承包人承担相应责任。

合同工程竣工结算核对完成，发承包双方签字确认后，发包人不得要求承包人与另一个或多个工程造价咨询人重复核对竣工结算。

发包人对工程质量有异议，拒绝办理工程竣工结算的，已竣工验收或已竣工未验收但实际投入使用的工程，其质量争议应按该工程保修合同执行，竣工结算应按合同约定办理；已竣工未验收且未实际投入使用的工程以及停工、停建工程的质量争议，双方应就有争议的部分委托有资质的检测鉴定机构进行检测，并应根据检测结果确定解决方案，或按工程质量监督机构的处理决定执行后办理竣工结算，无争议部分的竣工结算应按合同约定办理。

6.3 编制与复核，鸡蛋里面挑骨头

6.3.1 某五层办公楼竣工结算编制实例表格填写

本节以实战操作篇的某五层办公楼案例为依托，在绘图操作的映衬前提下，进行工作量清单竣工结算的编制。

某五层办公楼工程量清单竣工结算书的编制内容及编制顺序如下。

(1) 竣工结算书封面(见封 4)。

(2) 竣工结算总价扉页(见扉 4)。

(3) 总说明(见表-01)。

(4) 单位工程竣工结算汇总表(见表-07)。

(5) 分部分项工程和单价措施项目与计价表(见表-08)。

(6) 综合单价分析表(见表-09)。

(7) 综合单价调整表(见表-10)。

(8) 总价措施项目清单与计价表(见表-11)。

(9) 其他项目清单与计价汇总表(见表-12)。

① 暂列金额明细表(见表-12-1)。

② 材料(工程设备)暂估单价及调整表(见表-12-2)。

③ 专业工程暂估价及结算表(见表-12-3)。

④ 计日工表(见表-12-4)。

⑤ 总承包服务费计价表(见表-12-5)。

⑥ 索赔与现场签证计价汇总表(见表-12-6)。

⑦ 费用索赔申请(核准)表(见表-12-7)。

⑧ 现场签证表(见表-12-8)。

(10) 规费、税金项目与计价表(见表-13)。

(11) 工程计量申请(核准)表(见表-14)。

(12) 预付款支付申请(核准)表(见表-15)。

(13) 总价项目进度款支付分解表(见表-16)。

(14) 进度款支付申请(核准)表(见表-17)。

(15) 竣工结算款支付申请(核准)表(见表-18)。

(16) 最终结清支付申请(核准)表(见表-19)。

(17) 发包人提供材料和工程设备一览表(见表-20)。

(18) 承包人提供主要材料和工程设备一览表(适用于造价信息差额调整法)(见表-21)。

工程竣工结算书构成.mp3

结算明细表中的

计价依据.mp3

(19) 承包人提供主要材料和工程设备一览表(适用于价格指数差额调整法)(见表-22)。

由于以上报表中总说明(见表-01),分部分项工程和单价措施项目与计价表(见表-08),综合单价分析表(见表-09),总价措施项目清单与计价表(见表-11),规费、税金项目与计价表(见表-13),发包人提供材料和工程设备一览表(见表-20),承包人提供主要材料和工程设备一览表(适用于造价信息差额调整法)(见表-21)和承包人提供主要材料和工程设备一览表(适用于价格指数差额调整法)(见表-22)与招标控制价报表和竣工结算报表中的内容一致,故将相关表格放在第 9 章工程计价表格中,以方便读者集中对比学习。

6.3.2 ||| 复核及注意事项

竣工结算的核对是工程造价计价中发承包双方应共同完成的重要工作。按照交易的一般原则,任何交易结束后,都应做到钱、货两清,工程建设也不例外。工程施工的发承包活动作为期货交易行为,当工程竣工验收合格后,承包人将工程移交给发包人时,发承包双方应将工程价款结算清楚,即竣工结算办理完毕。由于工程合同价款结算兼有契约性与技术性的特点,也就是说既涉及契约问题,又涉及专业问题,既涉及承包合同范围的计价,又涉及工程变更或索赔的确定,因此,发承包双方都非常重视,需要一定的核对时间。

竣工结算的审核包括以下内容。

(1) 核对合同条款。

(2) 落实设计变更签证。

(3) 按图核实工程数量。

(4) 严格按合同约定计价。

(5) 注意各项费用计取。

(6) 防止各种计算误差。

分部分项工程和措施项目中的单价项目应依据发承包双方确认的工程量与已标价工程量清单的综合单价计算；发生调整的，应以发承包双方确认调整的综合单价计算。

措施项目中的总价项目应依据已标价工程量清单的项目和金额计算；发生调整的，应以发承包双方确认调整的金额计算，其中安全文明施工费应按《建设工程工程量清单计价规范》(GB 50500—2013)第 3.1.5 条的规定计算。

3.1.5 条 措施项目中的安全文明施工费必须按国家或省级、行业建设主管部门的规定计算，不得作为竞争性费用。

其他项目应按下列规定计价。

(1) 计日工应按发包人实际签证确认的事项计算。

(2) 暂估价应按《建设工程工程量清单计价规范》(GB 50500—2013)第 9.9 节相关条款的规定计算。

9.9.1 条 发包人在招标工程量清单中给定暂估价的材料、工程设备属于依法必须招标的，应由发承包双方以招标的方式选择供应商，确定价格，并应以此为依据取代暂估价，调整合同价款。

9.9.2 条 发包人在招标工程量清单中给定暂估价的材料、工程设备不属于依法必须招标的，应由承包人按照合同约定采购，经发包人确认单价后取代暂估价，调整合同价款。

9.9.3 条 发包人在招标工程量清单中给定暂估价的专业工程不属于依法必须招标的，应按照本规范第 9.3 节相应条款的规定确定专业工程价款，并应以此为依据取代专业工程暂估价，调整合同价款。

9.9.4 条 发包人在招标工程量清单中给定暂估价的专业工程，依法必须招标的，应当由发承包双方依法组织招标选择专业分包人，并接受有管辖权的建设工程招标投标管理机构的监督，还应符合下列要求。

①除合同另有约定外，承包人不参加投标的专业工程发包招标，应由承包人作为招标人，但拟定的招标文件、评标工作、评标结果应报送发包人批准。与组织招标工作有关的费用应当被认为已经包括在承包人的签约合同价(投标总报价)中。

②承包人参加投标的专业工程发包招标，应由发包人作为招标人，与组织招标工作有关的费用由发包人承担。同等条件下，应优先选择承包人中标。

③应以专业工程发包中标价为依据取代专业工程暂估价，调整合同价款。

(3) 总承包服务费应依据已标价工程量清单金额计算；发生调整的，应以发承包双方确认调整的金额计算。

(4) 索赔费用应依据发承包双方确认的索赔事项和金额计算。

(5) 现场签证费用应依据发承包双方签证资料确认的金额计算。

(6) 暂列金额应减去合同价款调整(包括索赔、现场签证)金额计算，如有余额归发包人。

规费和税金必须按国家或省级、行业建设主管部门的规定计算。规费中的工程排污费应按工程所在地环境保护部门规定的标准缴纳后按实列入。

发承包双方在合同工程实施过程中已经确认的工程计量结果和合同价款，在竣工结算办理中应直接进入结算。

6.4　结算款支付

承包人应根据办理的竣工结算文件向发包人提交竣工结算款支付申请。申请应包括下列内容。

(1) 竣工结算合同价款总额。

(2) 累计已实际支付的合同价款。

(3) 应预留的质量保证金。

(4) 实际应支付的竣工结算款金额。

发包人应在收到承包人提交竣工结算款支付申请后 7 天内予以核实，向承包人签发竣工结算支付证书。

发包人签发竣工结算支付证书后的 14 天内，应按照竣工结算支付证书列明的金额向承包人支付结算款。

发包人在收到承包人提交的竣工结算款支付申请后 7 天内不予以核实，不向承包人签发竣工结算支付证书的，视为承包人的竣工结算款支付申请已被发包人认可；发包人应在收到承包人提交的竣工结算款支付申请 7 天后的 14 天内，按照承包人提交的竣工结算款支付申请列明的金额向承包人支付结算款。

竣工结算办理完毕后，发包人应按合同约定向承包人支付合同价款。发包人按合同约定应向承包人支付而未支付的工程款视为拖欠工程款，承包人可催告发包人支付，并有权获得延迟支付的利息。发包人在竣工结算支付证书签发后或者在收到承包人提交的竣工结算款支付申请 7 天后的 56 天内仍未支付的，除法律另有规定外，承包人可与发包人协商将该工程折价，也可直接向人民法院申请将该工程依法拍卖。承包人应就该工程折价或拍卖的价款优先受偿。

6.5　质量保证金，一诺千金

6.5.1 ▌质量保证金的预留与返还

质量保证金是指建设单位与施工单位在建设工程承包合同中约定或施工单位在工程保

修书中承诺，在建筑工程竣工验收交付使用后，从应付的建设工程款中预留的用以维修建筑工程在保修期限和保修范围内出现的质量缺陷的资金。

发包人应按照合同约定的质量保证金比例从结算款中预留质量保证金(质量保证金用于承包人按照合同约定履行属于自身责任的工程缺陷修复义务，为发包人有效监督承包人完成缺陷修复提供资金保障)。

承包人未按照合同约定履行属于自身责任的工程缺陷修复义务的，发包人有权从质量保证金中扣除用于缺陷修复的各项支出。经查验，工程缺陷属于发包人原因造成的，应由发包人承担查验和缺陷修复的费用。

在合同约定的缺陷责任期终止后，发包人在接到承包人返还保证金申请后，应于 14 日内会同承包人按照合同约定的内容进行核实，如无异议，发包人应当在核实后 14 日内将保证金返还承包人；逾期支付的，从逾期之日起，按照同期银行贷款利率计付利息，并承担违约责任。发包人在接到承包人返还保证金申请后 14 日内不予答复，经催告后 14 日内仍不予答复的，视同认可承包人的返还保证金申请。

6.5.2 履约保证金与质量保证金的区别

履约保证金是履约担保的一种方式，是指工程发包人为防止承包人在合同执行过程中违反合同规定或违约，弥补给发包人造成的经济损失。

质量保证金(保修金)是指发包人与承包人在建设承包合同中约定，从应付的工程款中预留，用以保证承包人在缺陷责任期内对建设工程出现的缺陷进行维修的资金。

两者的区别主要如下。

第一，资金来源不同。履约保证金一般来自承包方的流动资金，在施工前付给发包方。质量保证金是发包方与承包方在建设工程承包合同中约定或承包方在工程保修书中承诺，在工程竣工验收交付使用后，从应付的建设工程款中预留的用以维修工程在保修期限和保修范围内出现的质量缺陷的资金。

第二，约束的目的不同。履约保证金的目的是担保承包人完全履行合同，主要保证工期和质量符合合同的约定。履约保证金的功能，在于承包人违约时，赔偿发包人的损失，即如果承包人违约，将丧失收回履约保证金的权利，且并不以此为限。质量保证金则更多的是一种约束工程质量的手段。

第三，保证金的比例和返还时间不同。履约保证金的比例为工程造价的 5%～10%，具体执行比例由发包人根据工程造价情况确定，承包人顺利履行完毕自己的合同义务，发包人必须全额返还保证金。质量保证金比例可参照政府投资的建设项目的要求按工程造价的 5%左右预留保证金，具体比例双方可协商，在工程竣工验收交付使用后开始计算缺陷责任期，缺陷责任期内承包人须认真履行合同约定的责任，到期后，承包人向发包人申请返还保证金。

两者的最终目的都是为了维护合同的法律效力，保障合同的正常履行。建设工程合同的执行过程是一段相当长的时间区间，需要承包人严格按照合同条款履行承担的义务，才能按工期、质量要求完成建设任务。履约保证金和质量保证金均是发包人对承包人极为有力的约束手段，有利于建设单位、监理单位对承包人实施有效的监督与控制，防止承包人采取以次充好、偷工减料等手段转移建设资金，降低工程质量水平，促使承包人认真履行合同。

6.6　最终结清，两不相欠

缺陷责任期终止后，承包人已完成合同约定的全部承包工作，但合同工程的财务账目需要结清，所以承包人应按照合同约定向发包人提交最终结清支付申请。发包人对最终结清支付申请有异议的，有权要求承包人进行修正和提供补充资料。承包人修正后，应再次向发包人提交修正后的最终结清支付申请。

发包人应在收到最终结清支付申请后的 14 天内予以核实，并应向承包人签发最终结清支付证书。

发包人应在签发最终结清支付证书后的 14 天内，按照最终结清支付证书列明的金额向承包人支付最终结清款。

发包人未在约定的时间内核实，又未提出具体意见的，应视为承包人提交的最终结清支付申请已被发包人认可。

发包人未按期最终结清支付的，承包人可催告发包人支付，并有权获得延迟支付的利息。

最终结清时，承包人被预留的质量保证金不足以抵减发包人工程缺陷修复费用的，承包人应承担不足部分的补偿责任。

承包人对发包人支付的最终结清款有异议的，应按照合同约定的争议解决方式处理。

工程结算书
送审步骤.mp3

竣工结算审计范围.mp3

竣工结算审计
原则.mp3.mp3

第6章课件.pptx

第 7 章 合同价款，白纸黑字写明白

7.1 合同价款约定，两情相悦

7.1.1 一般规定

合同价款是依据有关规定和协议条款约定的各种取费标准进行计算，用以支付承包人按照合同要求完成工程内容时的价款。

1. 实行招标与不招标的合同价款

(1) 实行招标的工程合同价款应在中标通知书发出之日起 30 天内，由发承包双方依据招标文件和中标人的投标文件在书面合同中约定。合同约定不得违背招标、投标文件中关于工期、造价、质量等方面的实质性内容。招标文件与中标人投标文件不一致的地方，应以投标文件为准。

(2) 不实行招标的工程合同价款，应在发承包双方认可的工程价款的基础上，由发承包双方在合同中约定。

2. 实行工程量清单计价的工程

实行工程量清单计价的工程，应采用单价合同；建设规模较小、技术难度较低、工期较短，且施工图设计已审查批准的建设工程可采用总价合同；紧急抢险、救灾以及施工技术特别复杂的建设工程可采用成本加酬金合同。

7.1.2 约定内容

1. 现行的工程价款结算方式

(1) 按月定期结算。按月定期结算是指每月由施工企业提出已完成工程月报表，连同工程价款结算账单，经建设单位签证，交建设银行办理工程价款结算的方法。

(2) 分段结算。分段结算是指以单项(或单位)工程为对象，按工程的形象进度将其划分为不同施工阶段，按阶段进行工程价款结算。

分阶段结算的一般方法是根据工程的性质和特点，将其施工过程划分为若干施工进度阶段，以审定的施工图预算为基础，测算每个阶段的预支款数额。在施工开始时，办理第一阶段的预支款，在该阶段完成后，计算其工程价款，经建设单位签证，交建设银行审查并办理阶段结算，同时办理下一阶段的预支款。

固定总价合同.mp3　　固定单价合同.mp3　　可调总价合同.mp3　　可调单价合同.mp3

(3) 竣工后一次结算。竣工后一次结算是指建设项目或单项工程全部建筑安装工程建设期在一年以内，或者工程承包合同价值在 100 万元以下的，可以实行工程价款每月预支或分阶段预支，竣工后一次结算工程价款的方式。

2. 合同价款支付

合同价款支付方式如下。

(1) 一次性付款。这种付款方式简单、明确，受到的外力影响因素较少，手续相对单一。就拿房屋购买来讲，即预定买受人在约定的时间一次履行付款义务，开发商将住宅交付购房人，合同即履行完毕。这种方式适合有较好经济能力的购房人，同时也是开发企业希望使用的。

(2) 分期付款。这种付款方式约定购房人与房地产开发商协商，将购房款分若干次付清。

(3) 其他方式。在实际销售工作中，主要包括银行按揭贷款和住房公积金贷款两种。银行按揭贷款是指购房人为支付购房款而向银行申请贷款，并在约定期限内分期、分批向银行偿还贷款本息，开发商提供担保的付款方式；住房公积金贷款是指购房人为支付购房款而向住房公积金管理中心申请贷款，并在约定期限内分期、分批偿还贷款本息，开发商不提供担保的付款方式。

(4) 特殊的付款方式，主要包括采用其他债务抵消、易货交易等。

成本加酬金合同.mp3

(5) 另外还有一些会设定担保条款，比如约定预付款保函或者履约保函。

7.2　合同价款调整，讨价还价

7.2.1 ║一般规定

"合同价款调整"是指施工过程中出现合同约定的价款调整事项，发承包双方提出和确认的行为。在合同价款调整因素出现后，发承包双方根据合同约定，对合同价款进行变动的提出、计算和确认。

(1) 发承包双方应当按照合同约定调整合同价款的若干事项，大致包括以下五大类。

① 法规变化类。

② 工程变更类，如项目特征不符、工程量清单缺项、 工程量偏差、计日工。

③ 物价变化类，如暂估价。

④ 工程索赔类，如不可抗力、提前竣工、赶工补偿、误期赔偿、索赔。

⑤ 其他类，如现场签证以及发承包双方约定的其他调整事项。现场签证根据签证内容，有的可归于工程变更类，有的可归于索赔类，有的可能不涉及合同价款调整。

(2) 由于下列因素出现，影响合同价款调整的，应由发包人承担。

① 国家法律、法规、规章和政策发生变化。

合同价款调整.mp3

② 省级或行业建设主管部门发布的人工费调整，但承包人对人工费或人工单价的报价高于发布的除外。

③ 由政府定价或政府指导价管理的原材料等价格进行了调整。

7.2.2 法律法规变化，国家有动静

工程所在地法律、行政法规和国家有关政策变化影响合同价款。如提出进口限制、外汇管制、税率提高、劳动法的改变等，都可能引起承包商施工费用的增加。此类风险是承包人难以预料的，应该纳入发包人的风险范围内，不管合同类型如何，合同价款都应该作出调整。

因国家法律、法规、规章和政策发生变化影响合同价款的风险，发承包双方应在合同中约定由发包人承担。

1. 基准日的确定

为了合理划分发承包双方的合同风险，施工合同中应当约定一个基准日，对于基准日之后发生的，作为一个有经验的承包人在招标投标阶段不可能合理预见的风险，应当由发包人承担。对于实行招标的建设工程，一般以施工招标文件中规定的提交投标文件截止时间前的第 28 天作为基准日；对于不实行招标的建设工程，一般以建设工程施工合同签订前的第 28 天作为基准日。

2. 合同价款的调整方法

施工合同履行期间，国家颁布的法律、法规、规章和有关政策在合同工程基准日之后发生变化，且因执行相应的法律、法规、规章和政策引起工程造价发生增减变化的，合同双方当事人应当依据法律、法规、规章和有关政策的规定调整合同价款。但是，如果有关价格(如人工、材料和工程设备等的价格)的变化已经包含在物价波动事件的调价公式中，则不再予以考虑。

3. 工期延误期间的特殊处理

如果由于承包人的原因导致的工期延误，在工程延误期间国家的法律、行政法规和相关政策发生变化引起工程造价变化，造成合同价款增加的，合同价款不予调整；造成合同价款减少的，合同价款予以调整。

合同价款的调整方法.mp3

7.2.3 工程变更，千变万化随进度

在工程项目的实施过程中，由于多种原因，经常会出现设计、工程量、计划进度、材料等方面的变化，这些变化统称为工程变更，包括设计变更、进度计划变更、施工条件变更以及原招标文件和工程量清单中未包括的"新增工程"。

当工程需要变更时，由承包方提出工程变更申请(14 日内)，把原设计情况、设计变更原因、内容、涉及造价增减情况等列示清楚，报监理、审计、建设单位审批后方可出具正式的变更单进行工程变更。变更申请表与正式的工程变更单同时配套使用，方可计入最终结算造价。

清单综合单价的调整如下。

(1) 只是项目工程量改变时，按实计算工程量，并沿用相应项目的单价及计费原则和模式。工程量改变是指经发包人批准的施工图内容与招标图纸发生变化，引起工程量的变化(增加或减少)。

(2) 只是项目用料(包括规格)改变时，只调整相应项目的主材费用。

(3) 当项目的工程量及主要材料同时改变时，同时调整相应项目的工程量及主材费用，其计费原则不变。

(4) 若出现工程量清单中未有的项目，则参照工程量清单类似项目计价；没有类似项目的，参照预算定额计算直接费(或成本价)，工料机价格参照清单内价格，原清单内没有的价格执行施工当期信息价或监理、发包人确认价，管理费及利润的取费水平执行投标时报出的费率或按未列项目(清单外项目)取费明细表的取费水平。

综合单价的调整是由承包人提出新的综合单价，经发包人确认后调整。

7.2.4 项目特征不符，钥匙和锁芯不对应咋办

项目特征是工程量清单的重要组成部分，是构成清单项目价值的本质特征，用来描述分部分项清单项目的实质内容，以及区分计价规范中同一清单条目下各个具体的清单项目。

发包人在招标工程量清单中对项目特征的描述，应被认为是准确的和全面的，并且与实际施工要求相符合，否则，承包人无法报价。

承包人应按照发包人提供的设计图纸实施合同工程，但在合同履行期间，如出现设计图纸(含设计变更)与招标工程量清单任一项目的特征描述不符，且该变化引起该项目的工程造价增减变化的，应按照实际施工的项目特征，按《建设工程工程量清单计价规范》(GB 50500—2003)第9.3节相关条款的规定重新确定相应工程量清单项目的综合单价，调整合同价款。

承包人应按照发包人提供的设计图纸实施合同工程，若在合同履行期间出现设计图纸(含设计变更)与招标工程量清单任一项目的特征描述不符，且该变化引起该项目工程造价增减变化的，应按照实际施工的项目特征，按《建设工程工程量清单计价规范》(GB 50500—2013)第9.3节相关条款的规定重新确定相应工程量清单项目的综合单价，并调整合同价款。

7.2.5 工程量清单缺项，丢三落四可不行

1. 工程量清单编制及漏项的处理原则

(1) 在《建设工程工程量清单计价规范》(GB 50500—20013)中明确规定：工程量清单应由具有编制招标文件能力的招标人或受其委托具有相应资质的中介机构，依据招标文件、施工设计图纸、施工现场条件和国家制定的统一工程量计算规则、分部分项工程项目划分、计量单位等进行编制，严格按照规定的计价规则和标准格式进行编制，包括分部分项工程量清单、措施项目清单、其他项目清单等内容。

(2) 编制单位在编制工程量清单时，一定要全面理解招标文件的内容，有疑问的要及时与招标方沟通，并在对招标图纸的审核基础上提出图纸疑问，待这些问题均得到解决后，再根据招标文件招标范围的要求，计算工程量。在编制清单时，对每一个子目的工作内容与工作要求应表述准确与完整，做到不多算、不少算、不漏项、不留缺口并尽可能减少暂定项目，以防日后的工程造价追加；在对工程量清单特征项目进行描述时必须准确全面，避免由于描述不清而引起理解上的差异，造成投标企业报价时不必要的失误，影响招投标的工作质量；仔细区分清单中分部分项工程量清单费用、措施项目清单费用、其他项目清单费用和规费、税金等各项费用的组成，避免重复计算；同时，要按不同工程专业进行划

分，以每一个单位工程为对象，显示工程的分项工程的名称、工程量以及单位，并且编制工程量清单编制说明，将投标方需注意的地方进行明确解释。

(3)《建设工程工程量清单计价规范》(GB 50500—2013)规定：合同中综合单价因工程量变更需调整时，除合同另有约定外，应按照下列办法确定。

① 工程量清单漏项或者设计变更引起新的工程量清单项目，其相应综合单价由承包人提出，经发包人确认后作为结算的依据。

② 工程量清单漏项或者设计变更引起新的工程量增减，属合同约定幅度以内的，应执行原有的综合单价；属合同约定幅度以外的，其增加部分的工程量或减少后剩余部分的工程量的综合单价由承包人提出，经发包人确认后，作为结算的依据。

(4) 合同履行期间，由于招标工程量清单中缺项，新增分部分项工程量清单项目的，应按照《建设工程工程量清单计价规范》(GB 50500—2013)第9.3.1条的规定确定单价，并调整合同价款。

《建设工程工程量清单计价规范》(GB 50500—2013)第9.3.1条规定：因工程变更引起已标价工程量清单项目或其工程数量发生变化时，应按照下列规定调整。

① 已标价工程量清单中有适用于变更工程项目的，应采用该项目的单价；但当工程变更导致该清单项目的工程数量发生变化，且工程量偏差超过15%时，该项目单价应按照《建设工程工程量清单计价规范》(GB 50500—2013)第9.6.2条的规定调整。

《建设工程工程量清单计价规范》(GB 50500—2013)第9.6.2条规定：对于任一招标工程量清单项目，当因本条规定的工程量偏差和第9.3节规定的工程变更等原因导致工程量偏差超过15%时，可进行调整。当工程量增加15%以上时，增加部分的工程量的综合单价应予调低；当工程量减少15%以上时，减少后剩余部分的工程量的综合单价应予调高。

② 已标价工程量清单中没有适用但有类似于变更工程项目的，可在合理范围内参照类似项目的单价。

③ 已标价工程量清单中没有适用也没有类似于变更工程项目的，应由承包人根据变更工程资料、计量规则和计价办法、工程造价管理机构发布的信息价格和承包人报价浮动率提出变更工程项目的单价，并应报发包人确认后调整。承包人报价浮动率可按下列公式计算。

招标工程：

承包人报价浮动率 $L = (1 - 中标价/招标控制价) \times 100\%$　　　　　　　(9.3.1-1)

非招标工程：

承包人报价浮动率 $L = (1 - 报价/施工图预算) \times 100\%$　　　　　　　(9.3.2-2)

④ 已标价工程量清单中没有适用也没有类似于变更工程项目，且工程造价管理机构发布的信息价格缺价的，应由承包人根据变更工程资料、计量规则、计价办法和通过市场调

查等取得有合法依据的市场价格提出变更工程项目的单价，并应报发包人确认后调整。

《建设工程工程量清单计价规范》(GB 50500—2013)第 9.3.2 条规定：工程变更引起施工方案改变并使措施项目发生变化时，承包人提出调整措施项目费的，应事先将拟实施的方案提交发包人确认，并应详细说明与原方案措施项目相比的变化情况。拟实施的方案经发承包双方确认后执行，并应按照下列规定调整措施项目费。

① 安全文明施工费应按照实际发生变化的措施项目依据《建设工程工程量清单计价规范》(GB 50500—2013)第 3.1.5 条的规定计算。

② 采用单价计算的措施项目费，应按照实际发生变化的措施项目，按《建设工程工程量清单计价规范》(GB 50500—2013)第 9.3.1 条的规定确定单价。

③ 按总价(或系数)计算的措施项目费，按照实际发生变化的措施项目调整，但应考虑承包人报价浮动因素，即调整金额按照实际调整金额乘以《建设工程工程量清单计价规范》(GB 50500—2013)第 9.3.1 条规定的承包人报价浮动率计算。

如果承包人未事先将拟实施的方案提交给发包人确认，则应视为工程变更不引起措施项目费的调整或承包人放弃调整措施项目费的权利。

(5) 新增分部分项工程清单项目后，引起措施项目发生变化的，应按照《建设工程工程量清单计价规范》(GB 50500—2013)第 9.3.2 条的规定，在承包人提交的实施方案被发包人批准后调整合同价款。

(6) 由于招标工程量清单中措施项目缺项，承包人应将新增措施项目实施方案提交发包人批准后，按照《建设工程工程量清单计价规范》(GB 50500—2013)第 9.3.1 条、第 9.3.2 条的规定调整合同价款。

2. 在实践中的具体处理

(1) 如是固定总价合同，且合同中明确约定了工程价款包含了按图施工中发生的所有费用，且设计变更等亦不作调整，则不能增加。

(2) 如是固定单价合同，一般为工程量清单招标，如果本身清单数量有错误，要增加；如清单无错误，视为漏项分摊，不能漏项增加。

3. 固定总价前提下工程量清单漏项问题的应对与预防

1) 工程量清单漏项

当采取固定总价招标的时候，工程量清单漏项主要是指招标方在招标文件当中提供的工程量清单没有很好地反映工作内容，与图纸相脱节，造成的招投标过程中补遗工作量的增加。

2) 漏项问题产生的具体原因

(1) 编写清单的人对图纸不熟悉。

(2) 编写清单的人对法律、法规条款不熟悉。

招标文件并不是一张纸，包括招标图纸、清单、补遗等各种材料。许多甲方要求的措施费或独立费就隐藏在其中，例如甲方要求由乙方完成桩基的监测费用或由乙方在工程结束后完成消防验收工作或由乙方承担当地政府加收的税收费用等。这些不小的费用往往不显示于图纸，也容易被清单遗漏。

(3) 编写清单的人对施工工艺、施工流程或施工规范不熟悉。

(4) 图纸模糊或不完善造成报价偏差。

3) 漏项问题的预防

(1) 在招标阶段的初步预防。

招标人在招标文件中明示投标人对清单漏项的处理办法。例如，在清单后附表直接增加项目；又如，在主要材料价格表中列明可能要采用的材料单价，作为评分时专家打分的一个依据(招标人提供的主要材料价格表应包括详细的材料编码、材料名称、规格型号和计量单位等。所填写的单价必须与工程量清单计价中采用的相应材料的单价一致)。

在乙方容易以清单无列项的理由向甲方进行索赔，从而使甲方承担其提供清单漏项的风险时，甲方为了规避这种风险，达到在一次投标报价中完成其提供图纸的工程建设，甲方在招标文件中可以做如下说明："投标人对招标人所提供的工程量清单应与招标文件、合同条款、技术规范及图纸等文件结合起来查阅与理解，招标人提供的工程量清单中所列工程数量仅作为投标的共同基础和最终结算与支付的依据，而投标人必须按设计图纸进行施工。""投标过程中投标人必须认真阅读图纸和招标人的招标文件、补遗书、答疑、答疑补充等开标前的文件，并对照工程量清单数量进行全面复核，对发现的数量差额与缺项，投标人必须以书面形式通知招标人检查，并可要求招标人以补遗函或答疑补充的形式予以更正。若投标人认为招标人提供工程量清单数量存在差额与缺项且招标人未以补遗函或答疑补充形式给予更正，投标人应在投标报价过程中另行补充编制分部分项清单偏离表予以调整。如投标书中未补充编制分部分项清单偏离表或偏离表中未完整列出分部分项偏离内容，则投标人不能再以提供的工程量清单存在差额与缺项为由提出增加费用。"

(2) 施工过程中漏项的解决。

在施工过程中承包商要及时与业主沟通，图纸上不明确的地方主动提出要求设计确认，以免耽误采购时间，延误工期。同时，保留建设方的确认依据，为申报款项作准备。

(3) 竣工结算中对漏项的处理。

① 处理中应考虑的原则。

第一，总价合同的情况下，招标时的工程量清单仅供参考，按清单所报的综合单价仅仅是为了发生变更时计算变更造价，施工单位履行合同的具体内容就是按照招标时的图纸和投标的施工组织设计在约定工期内完成符合国家验收标准的工程。图纸上有的都应当完成，而不是只看清单。

第二，按照《合同法》的有关规定，施工合同文件的各组成部分之间有严格的解释顺序，其中图纸解释工程量清单。报价时以图纸为准。图纸有图例，也有相应的画图规则和规范，应当以正常的方式理解图纸。对读图导致的失误不是变更合同价格的理由，不明白的地方就应该提出疑问，否则只能自己承担后果。

第三，设计变更和设计深化的概念是不同的。设计变更是把已经有的变成另外的，增加或取消；设计深化是在原来的基础上细化而不是引起新的变化。

② 对漏项的处理。

第一，针对编写清单的人对图纸不熟悉，对法律、法规条款不熟悉和对施工工艺、施工流程或施工规范不熟悉而导致的清单漏项，在采用固定总价合同的模式下，承包商不能以清单漏项向业主索赔。

第二，漏项项目原图纸完善的结算。对于建设单位及设计单位在施工过程中对原招标图纸的完善内容，原则上采用补差价的方式，即在此单项工程实际价格的基础上扣除理应包含在原投标价中的价格。

漏项项目取消时，则在结算时，就应该按照上述原则追减相关部分费用。

4. 对固定总价合同的评判

施工单位有可能很抱怨，为什么同样属于清单漏项，叫我做吧，不给钱；不叫我做吧，倒扣钱，好像风险都在施工单位。其实这正是固定总价合同的精神所在，即施工单位要理解，工程是按照图纸及规范来验收的，而不是按照业主提供的工程量清单。举个对承包商有利的例子，某建筑构件厂因上海欧尚杨浦一号项目的钢结构工程与上海某超市有限公司签订建设工程施工合同，合同约定为固定总价合同，总价款 800 万元。工程按期完成，质量合格。施工方在施工过程中较工程量价格清单少用钢材 40 吨(价值人民币约 80 万元)，在结算时业主以承包商少用钢材为由拒付该部分工程款，遂酿成纠纷。最后处理结果：按合同结算。因此可以看出，工程量清单计价对业主来说，同样也有一定的风险。作为施工单位能否获得盈利规避风险，关键在于提高自身的素质，在招投标相对短的时间内完善工程量清单，规避自身的风险；在施工过程中，充分发挥自身优势，节约成本，才能创造出可观的利润。

7.2.6 工程量偏差，缺斤少两你补还是"不补"

1. 工程量偏差的概念

工程量偏差是指承包人根据发包人提供的图纸(包括由承包人提供经发包人批准的图纸)进行施工，按照现行国家计量规范规定的工程量计算规则，计算得到的完成合同工程项目应予计量的工程量与相应的招标工程量清单项目列出的工程量之间出现的量差。

2. 合同价款的调整方法

施工合同履行期间，若应予计算的实际工程量与招标工程量清单列出的工程量出现偏差，或者因工程变更等非承包人原因导致工程量偏差，该偏差对工程量清单项目的综合单价将产生影响，是否调整综合单价以及如何调整，发承包双方应当在施工合同中约定。如果合同中没有约定或约定不明确的，可以按以下原则办理。

(1) 综合单价的调整原则。当应予计算的实际工程量与招标工程量清单出现偏差(包括因工程变更等原因导致的工程量偏差)超过 15% 时，对综合单价的调整原则为：当工程量增加 15% 以上时，其增加部分的工程量的综合单价应予调低；当工程量减少 15% 以上时，减少后剩余部分的工程量的综合单价应予调高。至于具体的调整方法，则应由双方当事人在合同专用条款中约定。

(2) 措施项目费的调整。当应予计算的实际工程量与招标工程量清单出现偏差(包括因工程变更等原因导致的工程量偏差)超过 15%，且该变化引起措施项目相应发生变化，如该措施项目是按系数或单一总价方式计价的，对措施项目费的调整原则为：工程量增加的，措施项目费调增；工程量减少的，措施项目费调减。至于具体的调整方法，则应由双方当事人在合同专用条款中约定。

7.2.7　计日工，当一天和尚撞一天钟，累

1. 计日工费用的产生

发包人通知承包人以计日工方式实施的零星工作，承包人应予执行。采用计日工计价的任何一项变更工作，承包人应在该项变更的实施过程中，按合同约定提交以下报表和有关凭证送发包人复核。

(1) 工作名称、内容和数量。

(2) 投入该工作所有人员的姓名、工种、级别和耗用工时。

(3) 投入该工作的材料名称、类别和数量。

(4) 投入该工作的施工设备型号、台数和耗用台时。

(5) 发包人要求提交的其他资料和凭证。

2. 计日工费用的确认和支付

任一计日工项目实施结束，承包人应按照确认的计日工现场签证报告核实该类项目的工程数量，并根据核实的工程数量和承包人已标价工程量清单中的计日工单价计算，提出应付价款；已标价工程量清单中没有该类计日工单价的，由发承包双方按工程变更的有关规定商定计日工单价计算。

每个支付期末，承包人应与进度款同期向发包人提交本期间所有计日工记录的签证汇总表，以说明本期间自己认为有权得到的计日工金额，调整合同价款，列入进度款支付。

7.2.8 物价变化类合同价款调整事项

施工合同履行期间，因人工、材料、工程设备和施工机械台班等价格波动影响合同价款时，发承包双方可以根据合同约定的调整方法，对合同价款进行调整。因物价波动引起的合同价款调整方法有两种：一种是采用价格指数调整价格差额，另一种是采用造价信息调整价格差额。承包人采购材料和工程设备的，应在合同中约定主要材料、工程设备价格变化的范围或幅度；如没有约定，则材料、工程设备单价变化超过5%，超过部分的价格按上述两种方法之一进行调整。

1. 采用价格指数调整价格差额

采用价格指数调整价格差额的方法，主要适用于施工中所用的材料品种较少，但每种材料使用量较大的土木工程，如公路、水坝等。

1) 价格调整公式

在计算调整差额时得不到现行价格指数的，可暂用上一次价格指数计算，并在以后的付款中再按实际价格指数进行调整。

2) 权重的调整

按变更范围和内容所约定的变更，导致原定合同中的权重不合理时，由承包人和发包人协商后进行调整。

3) 工期延误后的价格调整

由于发包人原因导致工期延误的，则对于计划进度日期(或竣工日期)后续施工的工程，在使用价格调整公式时，应采用计划进度日期(或竣工日期)与实际进度日期(或竣工日期)的两个价格指数中较高者作为现行价格指数。

2. 采用造价信息调整价格差额法

施工期内，因人工、材料、工程设备和机械台班价格波动影响合同价格时，人工、机械使用费按照国家或省、自治区、直辖市建设行政管理部门、行业建设管理部门或其授权的工程造价管理机构发布的人工成本信息、机械台班单价或机械使用费系数进行调整。需要进行价格调整的材料，其单价和采购数应由发包人复核，发包人确认需调整的材料单价及数量，作为调整合同价款差额的依据。

(1) 人工单价发生变化时，发承包双方应按省级或行业建设主管部门或其授权的工程造价管理机构发布的人工成本文件调整合同价款。

(2) 材料、工程设备价格变化的价款调整按照发包人提供的主要材料和工程设备一览表，按照发承包双方约定的风险范围按以下规定进行。

① 当承包人投标报价中材料单价低于基准单价：施工期间材料单价涨幅以基准单价为基础超过合同约定的风险幅度值时，或材料单价跌幅以投标报价为基础超过合同约定的风险幅度值时，其超过部分按实调整。

② 当承包人投标报价中材料单价高于基准单价：施工期间材料单价跌幅以基准单价为基础超过合同约定的风险幅度值时，或材料单价涨幅以投标报价为基础超过合同约定的风险幅度值时，其超过部分按实调整。

③ 当承包人投标报价中材料单价等于基准单价：施工期间材料单价涨、跌幅以基准单价为基础超过合同约定的风险幅度值时，其超过部分按实调整。

④ 承包人应在采购材料前将采购数量和新的材料单价报发包人核对，确认用于本合同工程时，发包人应确认采购材料的数量和单价。发包人在收到承包人报送的确认资料后 3 个工作日不予答复的视为已经认可，作为调整合同价款的依据。如果承包人未报经发包人核对即自行采购材料，再报发包人确认调整合同价款的，如发包人不同意，则不作调整。

(3) 施工机械台班单价或施工机械使用费发生变化超过省级或行业建设主管部门或其授权的工程造价管理机构规定的范围时，按其规定调整合同价款。

7.2.9 暂估价，有押金就放心

暂估价是指招标人在工程量清单中提供的用于支付必然发生但暂时不能确定价格的材料、工程设备的单价以及专业工程的金额。

1. 给定暂估价的材料、工程设备

1) 不属于依法必须招标的项目

发包人在招标工程量清单中给定暂估价的材料和工程设备不属于依法必须招标的，由承包人按照合同约定采购，经发包人确认后以此为依据取代暂估价，调整合同价款。

2) 属于依法必须招标的项目

发包人在招标工程量清单中给定暂估价的材料和工程设备属于依法必须招标的，由发承包双方以招标的方式选择供应商。依法确定中标价格后，以此为依据取代暂估价，调整合同价款。

2. 给定暂估价的专业工程

1) 不属于依法必须招标的项目

发包人在工程量清单中给定暂估价的专业工程不属于依法必须招标的，应按照前述工程变更事件的合同价款调整方法，确定专业工程价款，并以此为依据取代专业工程暂估价，调整合同价款。

2) 属于依法必须招标的项目

发包人在招标工程量清单中给定暂估价的专业工程，依法必须招标的，应当由发承包双方依法组织招标选择专业分包人，并接受有管辖权的建设工程招标投标管理机构的监督。

(1) 除合同另有约定外，承包人不参加投标的专业工程，应由承包人作为招标人，但拟定的招标文件、评标方法、评标结果应报送发包人批准。与组织招标工作有关的费用应当被认为已经包括在承包人的签约合同价(投标总报价)中。

(2) 承包人参加投标的专业工程，应由发包人作为招标人，与组织招标工作有关的费用由发包人承担。同等条件下，应优先选择承包人中标。

(3) 专业工程依法进行招标后，以中标价为依据取代专业工程暂估价，调整合同价款。

7.2.10 不可抗力，心有余而力不足

1. 不可抗力的范围

不可抗力是指合同双方在合同履行过程中出现的不能预见、不能避免并不能克服的客观情况。不可抗力的范围一般包括因战争、敌对行动(无论是否宣战)、入侵、外敌行为、军事政变、恐怖主义、骚动、暴动、空中飞行物坠落或其他非合同双方当事人责任或原因造成的罢工、停工、爆炸、火灾等，以及当地气象、地震、卫生等部门规定的情形。双方当事人应当在合同专用条款中明确约定不可抗力的范围以及具体的判断标准。

2. 不可抗力造成损失的承担

1) 费用损失的承担原则

因不可抗力事件导致的人员伤亡、财产损失及其费用增加，发承包双方应按以下原则分别承担并调整合同价款和工期。

(1) 合同工程本身的损害、因工程损害导致第三方人员伤亡和财产损失以及运至施工场地用于施工的材料和待安装的设备的损害，由发包人承担。

(2) 发包人、承包人人员伤亡由其所在单位负责，并承担相应费用。

(3) 承包人的施工机械设备损坏及停工损失，由承包人承担。

(4) 停工期间，承包人应发包人要求留在施工场地的必要的管理人员及保卫人员的费用由发包人承担。

(5) 工程所需清理、修复费用，由发包人承担。

2) 工期的处理

因发生不可抗力事件导致工期延误的，工期相应顺延。发包人要求赶工的，承包人应

采取赶工措施，赶工费用由发包人承担。

我国工程领域对于不可抗力发生后的处理原则是各自承担自身损失，合同双方对于这种处理方法都已经默认了。在此，建议对于不可抗力事件发生后的处理仍然采取我国施工合同示范文本的规定，各自承担自身损失，工期给予顺延。

不可抗力的发生，对合同双方都有一定的影响，对工程本身必然也有很大的影响。因而合同双方必须采取一定的措施来减少由此带来的损失，使损失最小。

由于不可抗力的影响程度的大小，可能导致的结果也是不同的，它可能导致工期拖延、施工方案改变、施工顺序改变、合同中止等情况。不可抗力的影响在不是很长的情况下，承发包双方可以在该事件发生后仍然履行合同，对工期给予一定的顺延。

当不可抗力事件影响比较大，在发包人要求承包人停工后合同规定时间内还不能够复工，对于合同的某一方继续履行合同情况下可能导致更大的损失，该方可以根据合同规定要求中止合同的履行。不同

不可抗力.mp3

情况下的处理价款调整的方法可以根据不可抗力事件导致的不同结果进行调整。

7.2.11 提前竣工(赶工补偿)，能者多得理应当

(1) 赶工费用。发包人应当依据相关工程的工期定额合理计算工期，压缩的工期天数不得超过定额工期的 20%，超过的，应在招标文件中明示增加赶工费用。

(2) 提前竣工奖励。发承包双方可以在合同中约定提前竣工的奖励条款，明确每日历天应奖励的额度。约定提前竣工奖励的，如果承包人的实际竣工日期早于计划竣工日期，承包人有权向发包人提出并得到提前竣工天数与合同约定的每日历天应奖励额度的乘积计算的提前竣工奖励。一般来说，双方还应当在合同中约定提前竣工奖励的最高限额(如合同价款的 5%)。提前竣工奖励列入竣工结算文件中，与结算款一并支付。发包人要求合同工程提前竣工，应征得承包人同意后与承包人商定采取加快工程进度的措施，并修订合同工程进度计划。发包人应承担承包人由此增加的赶工费。发承包双方也可在合同中约定每日历天的赶工补偿额度，此项费用作为增加合同价款，列入竣工结算文件中，与结算款一并支付。

7.2.12 误期赔偿，理亏钱补偿

发承包双方可以在合同中约定误期赔偿费，明确每日历天应赔偿额度。如果承包人的实际进度迟于计划进度，发包人有权向承包人索取并得到实际延误天数与合同约定的每日历天应赔偿额度的乘积计算的误期赔偿费。一般来说，双方还应当在合同中约定误期赔偿费的最高限额(如合同价款的 5%)。误期赔偿费列入进度款支付文件或竣工结算文件中，在

进度款或结算款中扣除。

合同工程发生误期的，承包人应当按照合同的约定向发包人支付误期赔偿费；如果约定的误期赔偿费低于发包人由此造成的损失的，承包人还应继续赔偿。即使承包人支付误期赔偿费，也不能免除承包人按照合同约定应承担的任何责任和义务。如果在工程竣工之前，合同工程内的某单项(或单位)工程已通过了竣工验收，且该单项(或单位)工程接收证书中表明的竣工日期并未延误，而是合同工程的其他部分产生了工期延误，则误期赔偿费应按照已颁发工程接收证书的单项(或单位)工程造价占合同价款的比例幅度予以扣减。

7.2.13 索赔，费尽心机找机会，不容易

1. 索赔的概念

"索赔"是专指工程建设的施工过程中，发、承包双方在履行合同时，对于非自己过错的责任事件并造成损失时，向对方提出补偿要求的行为。

2. 合同双方均有提出索赔的权利

《中华人民共和国民法通则》第一百一十一条规定："当事人一方不履行合同义务或履行合同义务不符合合同约定条件的，另一方有权要求履行或者采取补救措施，并有权要求赔偿损失。"因此，索赔是合同双方依据合同约定维护自身合法利益的行为，它的性质属于经济补偿行为，而非惩罚。

建设工程施工中的索赔是发、承包双方行使正当权利的行为，承包人可向发包人索赔，发包人也可向承包人索赔。

3. 发承包双方索赔的程序

承包人应按合同约定的时间向发包人提出索赔，发包人应按合同约定的时间进行答复。若承包人认为非承包人的原因造成了承包人的经济损失，承包人应在确认该事件发生后，按合同约定向发包人发出索赔通知。发包人在收到最终索赔报告后并在合同约定时间内，未向承包人作出答复，视为该项索赔已经认可。

承包人向发包人的索赔，应在索赔事件发生后，持证明索赔事件发生的有效证据和依据正当的索赔理由，按合同约定的时间向发包人提出索赔。发包人应按合同约定的时间对承包人提出的索赔进行答复和确认。

(1) 根据合同约定，承包人认为非承包人原因发生的事件造成了承包人的损失，应按下列程序向发包人提出索赔。

① 承包人应在知道或应当知道索赔事件发生后 28 天内，向发包人提交索赔意向通知书，说明发生索赔事件的事由。承包人逾期未发出索赔意向通知书的，丧失索赔的权利。

② 承包人应在发出索赔意向通知书后 28 天内，向发包人正式提交索赔通知书。索赔通知书应详细说明索赔理由和要求，并应附必要的记录和证明材料。

③ 索赔事件具有连续影响的，承包人应继续提交延续索赔通知，说明连续影响的实际情况和记录。

④ 在索赔事件影响结束后的 2 天内，承包人应向发包人提交最终索赔通知书，说明最终索赔要求，并应附必要的记录和证明材料。

(2) 承包人索赔应按下列程序处理。

① 发包人收到承包人的索赔通知书后，应及时查验承包人的记录和证明材料。

② 发包人应在收到索赔通知书或有关索赔的进一步证明材料后的 28 天内，将索赔处理结果答复承包人，如果发包人逾期未作出答复，视为承包人索赔要求已被发包人认可。

③ 承包人接受索赔处理结果的，索赔款项应作为增加合同价款，在当期进度款中进行支付；承包人不接受索赔处理结果的，应按合同约定的争议解决方式办理。

④ 当承包人的费用索赔与工期索赔要求相关联时，发包人在作出费用索赔的批准决定时，应结合工程延期，综合作出费用赔偿和工程延期的决定。

⑤ 发承包双方在按合同约定办理了竣工结算后，应视为承包人已无权再提出竣工结算前所发生的任何索赔。承包人在提交的最终结清申请中，只限于提出竣工结算后的索赔，提出索赔的期限应自发承包双方最终结清时终止。

(3) 承包人要求赔偿时，可以选择下列一项或几项方式获得赔偿。

① 延长工期。

② 要求发包人支付实际发生的额外费用。

③ 要求发包人支付合理的预期利润。

④ 要求发包人按合同的约定支付违约金。

(4) 根据合同约定，发包人认为由于承包人的原因造成发包人的损失，宜按承包人索赔的程序进行索赔。

(5) 发包人要求赔偿时，可以选择下列一项或几项方式获得赔偿。

① 延长质量缺陷修复期限。

② 要求承包人支付实际发生的额外费用。

③ 要求承包人按合同的约定支付违约金。

(6) 承包人应付给发包人的索赔金额可从拟支付给承包人的合同价款中扣除，或由承包人以其他方式支付给发包人。

若发包人认为由于承包人的原因造成额外损失的，发包人应在确认引起索赔的事件后，按合同约定向承包人发出索赔通知。承包人在收到发包人索赔通知后并在约定的时间内，未向发包人作出答复，视为该项索赔已经认可。

当合同中对此未作具体约定时，按以下规定办理。

① 发包人应在确认引起索赔的事件发生后 28 天内向承包人发出索赔通知，否则，承包人免除该索赔的全部责任。

② 承包人在收到发包人索赔报告后的 28 天内，应作出回应，表示同意或不同意并附具体意见，如在收到索赔报告后的 28 天内，未向发包人作出答复，视为该项索赔报告已经认可。

4. 案例题

某建筑公司(乙方)于某年 4 月 20 日与某厂(甲方)签订了修建建筑面积为 3000 m^2 工业厂房(带地下室)的施工合同。乙方编制的施工方案和进度计划已获监理工程师批准。该工程的基坑施工方案规定：土方工程采用租赁一台斗容量为 1 m^3 的反铲挖掘机施工。甲、乙双方在合同中约定 5 月 11 日开工，5 月 20 日完工。在实际施工中发生如下几项事件。

① 因租赁的挖掘机大修，晚开工 2 d，造成人员窝工 10 个工日。

② 基坑开挖后，因遇软土层，接到监理工程师 5 月 15 日停工的指令，进行地质复查，配合用工 15 个工日。

③ 5 月 19 日接到监理工程师于 5 月 20 日复工令，5 月 20 日—5 月 22 日，因罕见的大雨迫使基坑开挖暂停，造成人员窝工 10 个工日。

④ 5 月 23 日用 30 个工日修复冲坏的永久道路，5 月 24 日恢复正常挖掘工作，最终基坑于 5 月 30 日挖坑完毕。

问题：(1) 简述工程施工索赔的程序。

(2) 建筑公司对上述哪些事件可以向厂方要求索赔，哪些事件不可以要求索赔，并说明原因。

(3) 每项事件工期索赔各是多少天？总计工期索赔是多少天？

答案：(1) 我国《建设工程施工合同(示范文本)》规定的施工索赔程序如下。

① 索赔事件发生后 28 d 内，向工程师发出索赔意向通知。

② 发出索赔意向通知后的 28 d 内，向工程师提供补偿经济损失的索赔和(或)延长工期报告及有关资料。

③ 工程师在收到承包人送交的索赔报告和有关资料后，于 28 d 内给予答复，或要求承包人进一步补充索赔理由和证据。

④ 工程师在收到承包人送交的索赔报告和有关资料后 28 d 内未给予答复或未对承包人作进一步要求，视为该项索赔已经认可。

⑤ 当该索赔事件持续进行时，承包人应当阶段性向工程师发出索赔意向，在索赔事件终了后 28 d 内，向工程师提供索赔的有关资料和最终索赔报告。

(2) 事件 1：索赔不成立。因此事件发生原因属承包商自身责任。

事件 2：索赔成立。因该施工地质条件的变化是一个有经验的承包商所无法合理预见的。

事件 3：索赔成立。这是因特殊反常的恶劣天气造成工程延误。

事件 4：索赔成立。因恶劣的自然条件或不可抗力引起的工程损坏及修复应由业主承担责任。

(3) 事件 2：索赔工期 5 天(5 月 15 日—5 月 19 日)。

事件 3：索赔工期 3 天(5 月 20 日—5 月 22 日)。

事件 4：索赔工期 1 天(5 月 23 日)。

共计索赔工期为：5+3+1=9(天)。

7.2.14 现场签证，就像报销条

1. 现场签证的概念

"现场签证"是指在工程建设的施工过程中，发、承包双方的现场代表(或其委托人)对施工过程中由于发包人的责任致使承包人在工程施工中于合同内容外发生了额外的费用，由承包人通过书面形式向发包人提出，予以签字确认的证明。

2. 现场签证的程序

(1) 承包人应发包人要求完成合同以外的零星项目、非承包人责任事件等工作的，发包人应及时以书面形式向承包人发出指令，并应提供所需的相关资料；承包人在收到指令后，应及时向发包人提出现场签证要求。

(2) 承包人应在收到发包人指令后的 7 天内向发包人提交现场签证报告，发包人应在收到现场签证报告后的 48 小时内对报告内容进行核实，予以确认或提出修改意见。发包人在收到承包人现场签证报告后的 48 小时内未确认也未提出修改意见的，应视为承包人提交的现场签证报告已被发包人认可。

(3) 现场签证的工作如已有相应的计日工单价，现场签证中应列明完成该类项目所需的人工、材料、工程设备和施工机械台班的数量。

如现场签证的工作没有相应的计日工单价，应在现场签证报告中列明完成该签证工作所需的人工、材料设备和施工机械台班的数量及单价。

(4) 合同工程发生现场签证事项，未经发包人签证确认，承包人便擅自施工的，除非征得发包人书面同意，否则发生的费用应由承包人承担。

(5) 现场签证工作完成后的 7 天内，承包人应按照现场签证内容计算价款，报送发包人确认后，作为增加合同价款，与进度款同期支付。

(6) 在施工过程中，当发现合同工程内容因场地条件、地质水文、发包人要求等不一致时，承包人应提供所需的相关资料，并提交发包人签证认可，作为合同价款调整的依据。

3. 发、承包双方确认的索赔与现场签证费用的要求

发、承包双方确认的索赔与现场签证费用应与工程进度款同期支付。

现场签证.mp3

7.2.15　暂列金额

1. 暂列金额的定义

暂列金额是招标人在工程量清单中暂定并包括在合同价款中的一笔款项，用于施工合同签订时尚未确定或者不可预见的所需材料、设备、服务的采购，施工中可能发生的工程变更、合同约定调整因素出现时的工程价款调整以及发生的索赔、现场签证确认等的费用。

暂列金额属于工程量清单计价中其他项目费的组成部分。它是指包括在合同中，供工程任何部分的施工，或提供货物、材料、设备或服务，或提供不可预料事件之费用的一项金额。暂列金额是业主方的备用金，这是由业主的咨询工程师事先确定并填入招标文件中的金额。

暂列金额应由监理人报发包人批准后指令全部或部分地使用，或者根本不予使用。

2. 暂列金额的使用

对于经发包人批准的每一笔暂列金额，监理人有权向承包人发出实施工程或提供材料、工程设备或服务的指令。

当监理人提出要求时，承包人应提供有关暂列金额支出的所有报价单、发票、凭证和账单或收据，除非该工作是根据已标价工程量清单列明的单价或总额价进行的估价。

3. 要点说明

1) 暂列金额的性质

暂列金额.mp3

暂列金额包括在合同价之内，但并不直接属承包人所有，而是由发包人暂定并掌握使用的一笔款项。

2) 暂列金额的用途

由发包人用于在施工合同协议签订时，尚未确定或者不可预见的在施工过程中所需材料、设备、服务的采购，以及施工过程中合同约定的各种工程价款调整因素出现时的工程价款调整以及索赔、现场签证确认的费用。

7.3 合同价款期中支付，不给离罢工又近一步

7.3.1 预付款

1. 预付款的概念

工程预付款又称材料备料款或材料预付款。它是发包人为了帮助承包人解决工程施工前期资金紧张的困难而提前给付的一笔款项。工程是否实行预付款，取决于工程性质、承包工程量的大小以及发包人在招标文件中的规定。

工程实行预付款的，合同双方应根据合同通用条款及价款结算办法的有关规定，在合同专用条款中约定并履行。

预付款用于承包人为合同工程施工购置材料、购置或租赁施工设备以及组织施工人员进场，并且应专用于合同工程。

当发包人要求承包人采购价值较高的工程设备时，应按商业惯例向承包人支付工程设备预付款。

2. 预付款的额度

预付款额度主要是保证施工所需材料和构件的正常储备。数额太少，备料不足，可能造成生产停工待料；数额太多，影响投资的有效使用。

一般是根据施工工期、建安工作量、主要材料和构件费用占建安工作量的比例以及材料储备周期等因素经测算来确定。下面简要介绍几种确定额度的方法。

1) 百分比法

百分比法是按年度工作量的一定比例确定预付备料款额度的一种方法。各地区和各部门根据各自的条件从实际出发分别制定了地方、部门的预付备料款比例。一般建筑工程预付款的支付比例不应超过工作量(包括水、电、暖)的 30%；安装工程预付款的支付比例不应超过工作量的 10%，包工包料工程预付款的支付比例不得低于签约合同价(扣除暂列金额)的 10%，不宜高于签约合同价(扣除暂列金额)的 30%；对重大工程项目按年度计划逐年预付，实行工程量清单计价的工程，实体性消耗和非实体性消耗部分应在合同中分别约定预付款比例(或金额)。

2) 数学计算法

数学计算法是根据主要材料(含结构件等)占年度承包工程总价的比重、材料储备定额天数和年度施工天数等因素，通过数学公式计算预付备料款额度的一种方法。其计算公式为

备料款数额=全年施工工作量×主材所占比重÷年施工日历天×材料储备天数

式中：年度施工天数按 365 天日历天计算；材料储备天数由当地材料供应的在途天数、加工天数、整理天数、供应间隔天数、保险天数等因素决定。

3）协商议定

预付款的额度在较多情况下是根据工程类型、合同工期、承包方式和供应方式等不同条件通过承发包双方自愿协商一致来确定的。在商洽时，施工单位作为承包人，应争取获得较多的备料款，从而保证施工有一个良好的开端。

3. 预付款的支付

承包人应在签订合同或向发包人提供与预付款等额的预付款保函后向发包人提交预付款支付申请。

发包人应在收到支付申请的 7 天内进行核实，向承包人发出预付款支付证书，并在签发支付证书后的 7 天内向承包人支付预付款。

发包人没有按合同约定按时支付预付款的，承包人可催告发包人支付；发包人在预付款期满后的 7 天内仍未支付的，承包人可在付款期满后的第 8 天起暂停施工。发包人应承担由此增加的费用和延误的工期，并应向承包人支付合理利润。

4. 预付款的扣回

工程预付款是发包人因承包人为准备施工而履行的协助义务。当承包人取得相应的合同价款时，发包人往往会要求承包人予以返还，预付款应从每一个支付期应支付给承包人的工程进度款中扣回，直到扣回的金额达到合同约定的预付款金额为止。具体操作是发包人从支付的工程进度款中按一定比例扣还。其公式如下：

$$起扣点\, T = P - M / N$$

式中：P——承包合同总合同额；

M——工程预付款数额；

N——主要材料和构件所占总价款的比重。

5. 预付款保函的期限和退还

承包人的预付款保函的担保金额根据预付款扣回的数额相应递减，但在预付款全部扣回之前一直保持有效。发包人应在预付款扣完后的 14 天内将预付款保函退还给承包人。

7.3.2 ▎安全文明施工费

安全文明施工费的全称是安全防护文明施工措施费，是指按照国家现行的建筑施工安全、施工现场环境与卫生标准和有关规定，购置和更新施工防护用具及设施、改善安全生产条件和作业环境所需要的费用。安全文明施工费包括的内容和使用范围，应符合国家有关文件和计量规范的规定。

1. 安全文明施工费的内容

建设工程施工企业安全文明施工费应当按照以下范围使用。

(1) 完善、改造和维护安全防护设施设备支出(不含"三同时"要求初期投入的安全设施)，包括施工现场临时用电系统、洞口、临边、机械设备、高处作业防护、交叉作业防护、防火、防爆、防尘、防毒、防雪、防台风、防地质灾害、地下工程有害气体监测、通风、临时安全防护等设施设备支出。

(2) 配备、维护、保养应急救援器材、设备支出和应急演练支出。

(3) 开展重大危险源和事故隐患评估、监控和整改支出。

(4) 安全生产检查、评价(不包括新建、改建、扩建项目安全评价)、咨询和标准化假设支出。

(5) 配备和更新现场作业人员安全防护用品支出。

(6) 安全生产宣传、教育、培训支出。

(7) 安全生产适用的新技术、新标准、新工艺、新装备的推广应用支出。

(8) 安全设施及特种设备检测检验支出。

(9) 其他与安全生产直接相关的支出。

2. 安全文明施工费的支付

承包人按工程质量、安全及消防管理的有关规定组织施工，采取严格的安全防护措施，由于自身安全措施不力造成事故的责任和因此发生的费用，非承包人责任造成安全事故，由责任方承担责任和发生的费用。

发生重大伤亡及其他安全事故，承包人应按有关规定立即上报有关部门并通知工程师，同时按有关部门要求处理，发生的费用由事故责任方承担。

发包人应对施工场地的工作人员进行安全教育，并对他们的安全负责。

安全文明施工费=直接工程费×(安全施工费费率+文明施工费费率)

发包人应在工程开工后的28天内预付不低于当年施工进度计划的安全文明施工费总额的60%，其余部分应按照提前安排的原则进行分解，并应与进度款同期支付。

发包人没有按时支付安全文明施工费的，承包人可催告发包人支付；发包人在付款期满后的7天内仍未支付的，若发生安全事故，发包人应承担相应责任。

承包人对安全文明施工费应专款专用，在财务账目中应单独列项备查，不得挪作他用，否则发包人有权要求其限期改正；逾期未改正的，造成的损失和延误的工期应由承包人承担。

7.3.3 进度款

建设工程施工合同是由承包人完成建设工程，由发包人支付合同价款的特殊承揽合同。由于建设工程通常具有投资额大、施工期长等特点，合同价款的履行顺序主要通过"阶段小结、最终结清"来实现。当承包人完成了一定阶段的工程量后，发包人就应该按合同约定履行进度款的义务。

1. 工程量的确认

工程量的正确计量是发包人向承包人支付工程进度款的前提和依据。综合单价应以已标价工程量清单中的综合单价为依据，但若发承包双方确认调整了，以调整后的综合单价为依据。

(1) 承包人应按合同约定的时间，向工程师提交本阶段已完工工程量报告，说明本期完成的各项工作内容和工程量。

(2) 工程师接到报告后 7 天内按设计图纸核实已完工程，并在计量前 24 小时通知承包人，承包人应提供便利条件并派人参加。承包方不参加计量，发包方自行进行，计量结果有效，可作为工程价款的支付依据。

(3) 工程师收到承包人的报告后 7 天内未进行计量，从第 8 天起，承包方报告开列的工程量即视为已被确认，作为工程价款支付的依据。工程师不按约定时间通知承包方，使承包方不能参加计量的，计量结果无效。

(4) 工程师对承包方超出设计图范围和因自身原因造成返工的工程量不予计量。

2. 进度款的结算方式

1) 按月结算

按月结算与支付，即实行按月支付进度款，竣工后结算的办法。合同工期在两个年度以上的工程，在年终进行工程盘点，办理年度结算。

2) 竣工后一次结算

建设项目或单项工程全部建筑安装工程建设期在 12 个月以内，或者建设工程施工合同价值在 100 万元以下，可以实行工程价款每月月中预支，竣工后一次结清。

3) 分段结算

分段结算与支付，即当年开工、当年不能竣工的工程按照工程形象进度，划分不同阶段支付工程进度款。分段结算可以按月预支工程款。

当采用分段结算方式时，应在合同中约定具体的工程分段划分，付款周期应该与计量周期一致。

实行竣工后一次结算和分段结算的工程，当年结算的工程应与年度完成工程量一致，年终不另行结算。

4）其他结算方式

结算双方可以约定采用并经开户行同意的其他结算方式。

3. 进度款结算的程序和责任

承包人应在每个计量周期到期后的 7 天内向发包人提交已完工程进度款支付申请一式四份，详细说明此周期认为有权得到的款额，包括分包人已完工程的价款。支付申请应包括以下内容。

(1) 累计已完成的合同价款。

(2) 累计已实际支付的合同价款。

(3) 本周期合计完成的合同价款。

① 本周期已完成单价项目的金额。

② 本周期应支付的总价项目的金额。

③ 本周期已完成的计日工价款。

④ 本周期应支付的安全文明施工费。

⑤ 本周期应增加的金额。

(4) 本周期合计应扣减的金额。

① 本周期应扣回的预付款。

② 本周期应扣减的金额。

(5) 本周期实际应支付的合同价款。

发包人应在收到承包人进度款支付申请后的 14 天内，根据计量结果和合同约定对申请内容予以核实，确认后向承包人出具进度款支付证书。若发承包双方对部分清单项目的计量结果出现争议，发包人应对无争议部分的工程计量结果向承包人出具进度款支付证书。

(6) 发包人应在签发进度款支付证书后的 14 天内，按照支付证书列明的金额向承包人支付进度款。

若发包人逾期未签发进度款支付证书，则视为承包人提交的进度款支付申请已被发包人认可，承包人可向发包人发出催告付款的通知。发包人应在收到通知后的 14 天内，按照承包人支付申请的金额向承包人支付进度款。

发包人未按照《建设工程工程量清单计价规范》(GB 50500—2013)第 10.3.9～10.3.11 条的规定支付进度款的，承包人可催告发包人支付，并有权获得延迟支付的利息；发包人在付款期满后的 7 天内仍未支付的，承包人可在付款期满后的第 8 天起暂停施工，发包人应承担由此增加的费用和延误的工期，向承包人支付合理利润，并应承担违约责任。

发现已签发的任何支付证书有错、漏或重复的数额，发包人有权予以修正，承包人也有权提出修正申请。经发承包双方复核同意修正的，应在本次到期的进度款中支付或扣除。

7.4　合同价款其他事宜，那都不是事

7.4.1　合同解除的价款结算与支付

合同解除是合同非常态的终止，为了限制合同的解除，法律规定了合同解除权来源划分，可分为协议解除和法定解除。鉴于工程施工合同的特性，为了防止社会资源的浪费，法律不赋予发包人享有任意单方解除权，因此除了协议解除，施工合同的解除有承包人根本违约的解除和发包人根本违约的解除两种。

1. 协议解除

发承包双方协商一致解除合同的，应按照双方达成的协议办理结算和支付合同价款。

2. 法定解除

由于不可抗力致使合同无法履行解除合同的，发包人应向承包人支付合同解除之日前已完成工程但尚未支付的合同价款，此外，还应支付下列金额。

(1) 《建设工程工程量清单计价规范》(GB 50500—2013)第 9.11.1 条规定的由发包人承担的费用。

(2) 已实施或部分实施的措施项目应付价款。

(3) 承包人为合同工程合理订购且已交付的材料和工程设备货款。

(4) 承包人撤离现场所需的合理费用，包括员工遣送费和临时工程拆除、施工设备运离现场的费用。

(5) 承包人为完成合同工程而预期开支的任何合理费用，且该项费用未包括在本款其他各项支付之内。

发承包双方办理结算合同价款时，应扣除合同解除之日前发包人应向承包人收回的价款。当发包人应扣除的金额超过了应支付的金额，承包人应在合同解除后的 56 天内将其差额退还给发包人。

3. 承包人违约导致的合同解除

因承包人违约解除合同的，发包人应暂停向承包人支付任何价款。发包人应在合同解除后 28 天内核实合同解除时承包人已完成的全部合同价款以及按施工进度计划已运至现场的材料和工程设备货款，按合同约定核算承包人应支付的违约金以及造成损失的索赔金额，

并将结果通知承包人。发承包双方应在 28 天内予以确认或提出意见，并应办理结算合同价款。如果发包人应扣除的金额超过了应支付的金额，承包人应在合同解除后的 56 天内将其差额退还给发包人。发承包双方不能就解除合同后的结算达成一致的，按照合同约定的争议解决方式处理。

4. 发包人违约导致的合同解除

因发包人违约解除合同的，发包人除应按照《建设工程工程量清单计价规范》(GB 50500—2013)第 12.0.2 条的规定向承包人支付各项价款外，应按合同约定核算发包人应支付的违约金以及给承包人造成损失或损害的索赔金额费用。该笔费用应由承包人提出，发包人核实后与承包人协商确定后的 7 天内向承包人签发支付证书。协商不能达成一致的，应按照合同约定的争议解决方式处理。

7.4.2 合同价款争议的解决

1. 合同价款的争议

由于建设工程具有施工周期长、不确定因素多等特点，在施工合同履行过程中出现争议也是难免的。因此，发承包双方发生争议后，可以进行协商和解从而达到消除争议的目的，也可以请第三方调解从而达到定争止纷的目的；若争议继续存在，双方可以继续通过司法途径解决，当然，也可以直接进入司法程序解决争议，主要指仲裁或诉讼。但是，不论采用何种方式解决发承包双方的争议，只有及时并有效地解决施工过程中的合同价款争议，工程建设才能顺利进行。因此，立足于把争议解决在萌芽状态，或尽可能在争议前期过程中予以解决较为理想。

2. 合同价款争议的解决

1) 监理或造价工程师暂定

若发包人和承包人之间就工程质量、进度、价款支付与扣除、工期延期、索赔、价款调整等发生任何法律上、经济上或技术上的争议，首先应根据已签约合同的规定，提交合同约定职责范围内的总监理工程师或造价工程师解决，并应抄送另一方。总监理工程师或造价工程师在收到此提交件后 14 天内应将暂定结果通知发包人和承包人。发承包双方对暂定结果认可的，应以书面形式予以确认，暂定结果成为最终决定。

发承包双方在收到总监理工程师或造价工程师的暂定结果通知之后的 14 天内未对暂定结果予以确认也未提出不同意见的，应视为发承包双方已认可该暂定结果。

发承包双方或一方不同意暂定结果的，应以书面形式向总监理工程师或造价工程师提出，说明自己认为正确的结果，同时抄送另一方，此时该暂定结果成为争议。在暂定结果对发承包双方当事人履约不产生实质影响的前提下，发承包双方应实施该结果，直到按照发承包双方认可的争议解决办法被改变为止。

2）管理机构的解释或认定

合同价款争议发生后，发承包双方可就工程计价依据的争议以书面形式提请工程造价管理机构对争议以书面文件进行解释或认定。

工程造价管理机构应在收到申请的 10 个工作日内就发承包双方提请的争议问题进行解释或认定。

发承包双方或一方在收到工程造价管理机构书面解释或认定后仍可按照合同约定的争议解决方式提请仲裁或诉讼。除工程造价管理机构的上级管理部门作出了不同的解释或认定，或在仲裁裁决或法院判决中不予采信的外，工程造价管理机构作出的书面解释或认定应为最终结果，并应对发承包双方均有约束力。

3）协商和解

合同价款争议发生后，发承包双方任何时候都可以进行协商。协商达成一致的，双方应签订书面和解协议，和解协议对发承包双方均有约束力。

如果协商不能达成一致协议，发包人或承包人都可以按合同约定的其他方式解决争议。

4）调解

发承包双方应在合同中约定或在合同签订后共同约定争议调解人，负责双方在合同履行过程中发生争议的调解。

合同履行期间，发承包双方可协议调换或终止任何调解人，但发包人或承包人都不能单独采取行动。除非双方另有协议，在最终结清支付证书生效后，调解人的任期应即终止。

如果发承包双方发生了争议，任何一方可将该争议以书面形式提交调解人，并将副本抄送另一方，委托调解人调解。

发承包双方应按照调解人提出的要求，给调解人提供所需要的资料、现场进入权及相应设施。调解人应被视为不是在进行仲裁人的工作。

调解人应在收到调解委托后 28 天内或由调解人建议并经发承包双方认可的其他期限内提出调解书，发承包双方接受调解书的，经双方签字后作为合同的补充文件，对发承包双方均具有约束力，双方都应立即遵照执行。

当发承包双方中任一方对调解人的调解书有异议时，应在收到调解书后 28 天内向另一方发出异议通知，并应说明争议的事项和理由。但除非并直到调解书在协商和解或仲裁裁决、诉讼判决中作出修改，或合同已经解除，承包人应继续按照合同实施工程。

当调解人已就争议事项向发承包双方提交了调解书，而任一方在收到调解书后 28 天内均未发出表示异议的通知时，调解书对发承包双方应均具有约束力。

5) 仲裁、诉讼

发承包双方的协商和解或调解均未达成一致意见，其中的一方已就此争议事项根据合同约定的仲裁协议申请仲裁，应同时通知另一方。

仲裁可在竣工之前或之后进行，但发包人、承包人、调解人各自的义务不得因在工程实施期间进行仲裁而有所改变。当仲裁是在仲裁机构要求停止施工的情况下进行时，承包人应对合同工程采取保护措施，由此增加的费用应由败诉方承担。

在《建设工程工程量清单计价规范》(GB 50500—2013)第 13.1~13.4 节规定的期限之内，暂定或和解协议或调解书已经有约束力的情况下，当发承包中一方未能遵守暂定或和解协议或调解书时，另一方可在不损害他可能具有的任何其他权利的情况下，将未能遵守暂定或不执行和解协议或调解书达成的事项提交仲裁。

发包人、承包人在履行合同时发生争议，双方不愿和解、调解或者和解、调解不成，又没有达成仲裁协议的，可依法向人民法院提起诉讼。

7.4.3 价格指数调整价格差额

价格指数在物价波动的情况下调整合同价款方面具有运用简单、管理方便、可操作性强等特点，此方法在国际上以及国内一些专业工程中广泛应用。

(1) 价格调整公式。因人工、材料和工程设备、施工机械台班等价格波动影响合同价格时，投标人根据招标人提供的《建设工程工程量清单计价规范》附录 L.3 的表-22 和投标人在投标函附录中的价格指数和权重表约定的数据，应按下式计算差额并调整合同价款。

$$\Delta P = p_0 \left[A + \left(B_1 \times \frac{Ft_1}{F_{01}} + B_2 \times \frac{Ft_2}{F_{02}} + B_3 \times \frac{Ft_3}{F_{03}} + \cdots + B_n \times \frac{Ft_n}{F_{0n}} \right) - 1 \right] \tag{7-1}$$

式中：ΔP——需调整的价格差额；

P_0——约定的付款证书中承包人应得到的已完成工程量的金额。此项金额应不包括价格调整，不计质量保证金的扣留和支付、预付款的支付和扣回。约定的变更及其他金额已按现行价格计价的，也不计在内；

A——定值权重(即不调部分的权重)；

B_1、B_2、B_3、$\cdots$、B_n——各可调因子的变值权重(即可调部分的权重)，为各可调因子在投标函投标总报价中所占的比例；

Ft_1、Ft_2、Ft_3、$\cdots$、Ft_n——各可调因子的现行价格指数，指约定的付款证书相关周期最后一天的前 42 天的各可调因子的价格指数；

F_{01}、F_{02}、F_{03}、$\cdots$、F_{0n}——各可调因子的基本价格指数，指基准日期的各可调因子的价格指数。

以上价格调整公式中的各可调因子、定值和变值权重，以及基本价格指数及其来源在投标函附录价格指数和权重表中约定。价格指数应首先采用工程造价管理机构提供的价格指数，缺乏上述价格指数时，可用工程造价管理机构提供的价格代替。

(2) 暂时确定调整差额。在计算调整差额时得不到现行价格指数的，可暂用上一次价格指数计算，并在以后的付款中再按实际价格指数进行调整。

(3) 权重的调整。约定的变更导致原定合同中的权重不合理时，由承包人和发包人协商后进行调整。

(4) 承包人工期延误后的价格调整。由于承包人原因未在约定的工期内竣工的，对原约定竣工日期后继续施工的工程，在使用式(7-1)的价格调整公式时，应采用原约定竣工日期与实际竣工日期的两个价格指数中较低的一个作为现行价格指数。

(5) 若可调因子包括了人工在内，则不适用《建设工程工程量清单计价规范》(GB 50500—2013)第 3.4.2 条第 2 款的规定。

7.4.4 造价信息调整价格差额

(1) 施工期内，因人工、材料和工程设备、施工机械台班价格波动影响合同价格时，人工、机械使用费按照国家或省、自治区、直辖市建设行政管理部门、行业建设管理部门或其授权的工程造价管理机构发布的人工成本信息、机械台班单价或机械使用费系数进行调整；需要进行价格调整的材料，其单价和采购数应由发包人复核，发包人确认需调整的材料单价及数量，作为调整合同价款差额的依据。

(2) 人工单价发生变化且符合《建设工程工程量清单计价规范》(GB 50500—2013)第 3.4.2 条第 2 款规定的条件时，发承包双方应按省级或行业建设主管部门或其授权的工程造价管理机构发布的人工成本文件调整合同价款。

(3) 材料、工程设备价格变化按照发包人提供的《建设工程工程量清单计价规范》(GB 50500—2013)附录 L.3 的表-22，由发承包双方约定的风险范围按下列规定调整合同价款。

① 承包人投标报价中材料单价低于基准单价。施工期间材料单价涨幅以基准单价为基础超过合同约定的风险幅度值，或材料单价跌幅以投标报价为基础超过合同约定的风险幅度值时，其超过部分按实调整。

② 承包人投标报价中材料单价高于基准单价。施工期间材料单价跌幅以基准单价为基础超过合同约定的风险幅度值，或材料单价涨幅以投标报价为基础超过合同约定的风险幅度值时，其超过部分按实调整。

③ 承包人投标报价中材料单价等于基准单价。施工期间材料单价涨、跌幅以基准单价为基础超过合同约定的风险幅度值时，其超过部分按实调整。

④ 承包人应在采购材料前将采购数量和新的材料单价报送发包人核对，确认用于本合同工程时，发包人应确认采购材料的数量和单价。发包人在收到承包人报送的确认资料后 3 个工作日不予答复的视为已经认可，作为调整合同价款的依据。如果承包人未报经发包人核对即自行采购材料，再报发包人确认调整合同价款的，如发包人不同意，则不作调整。

(4) 施工机械台班单价或施工机械使用费发生变化超过省级或行业建设主管部门或其授权的工程造价管理机构规定的范围时，按其规定调整合同价款。

第 7 章课件.pptx

第8章 合同类型多样，任君挑选

8.1　单价合同，一物一价

8.1.1　单价合同的概念

单价合同是承包人在投标时，按招投标文件就分部分项工程所列出的工程量表确定各分部分项工程费用的合同类型。这类合同的适用范围比较宽，其风险可以得到合理的分摊，并且能鼓励承包商通过提高工效等手段节约成本，提高利润。这类合同能够成立的关键在于双方对单价和工程量技术方法的确认。在合同履行中需要注意的问题则是双方对实际工程量计量的确认。

8.1.2　单价合同的分类

单价合同分为固定单价合同和可调价单价合同。

1) 固定单价合同

固定单价合同是经常采用的合同形式，特别是在设计或其他建设条件(如地质条件)还不太落实的情况下(计算条件应明确)，而以后又需增加工程内容或工程量时，可以按单价适当追加合同内容。在每月(或每阶段)工程结算时，根据实际完成的工程量结算，在工程全部完成时以竣工图的工程量最终结算工程总价款。

2) 可调单价合同

参见 7.1.2 约定内容中可调价格合同下的可调单价合同。

单价合同的特点是单价优先，即初步的合同总价与各项单价乘以实际完成工程量之和发生矛盾时，则以后者为准，即单价优先。

8.1.3　单价合同的计量与计价

固定单价合同的计量相对复杂，要具体算出每个分部分项工程量清单项目的完成数量，再乘以合同清单相应的单价，累计得出整个已完成工程量的总价。业主单位需对承包商上报的每个清单项目进行复核，复核相对要更为准确，以防超验超付。

(1) 工程量必须以承包人完成合同工程应予计量的工程量确定。施工中进行工程计量，当发现招标工程量清单中出现缺项、工程量偏差，或因工程变更引起工程量增减时，应按承包人在履行合同义务中完成的工程量计算。

(2) 承包人应当按照合同约定的计量周期和时间向发包人提交当期已完工程量报告。发包人应在收到报告后 7 天内核实，并将核实计量结果通知承包人。发包人未在约定时间内进行核实的，承包人提交的计量报告中所列的工程量应视为承包人实际完成的工程量。

(3) 发包人认为需要进行现场计量核实时，应在计量前 24 小时通知承包人，承包人应为计量提供便利条件并派人参加。当双方均同意核实结果时，双方应在上述记录上签字确认。承包人收到通知后不派人参加计量，视为认可发包人的计量核实结果。发包人不按照约定时间通知承包人，致使承包人未能派人参加计量，计量核实结果无效。

(4) 当承包人认为发包人核实后的计量结果有误时，应在收到计量结果通知后的 7 天内向发包人提出书面意见，并应附上其认为正确的计量结果和详细的计算资料。发包人收到书面意见后，应在 7 天内对承包人的计量结果进行复核后通知承包人。承包人对复核计量结果仍有异议的，按照合同约定的争议解决办法处理。

(5) 承包人完成已标价工程量清单中每个项目的工程量并经发包人核实无误后，发承包双方应对每个项目的历次计量报表进行汇总，以核实最终结算工程量，并应在汇总表上签字确认。

8.2　总价合同，死不改口

8.2.1　总价合同的概念

总价合同(lump sum contract)是指根据合同规定的工程施工内容和有关条件，业主应付给承包商的款额是一个规定的金额，即明确的总价。总价合同也称作总价包干合同，即根据施工招标时的要求和条件，当施工内容和有关条件不发生变化时，业主付给承包商的价款总额就不发生变化。

8.2.2　总价合同的分类

总价合同可分为固定总价合同和变动总价合同两种。

1. 固定总价合同

参见 7.1.2 约定内容中的固定总价合同。

固定总价合同在目前的建筑市场上颇受青睐，特别是外资企业业主更是普遍采用这类合同。这是因为这类合同与固定单价合同、按实结算合同、成本加酬金合同相比具有明显的优势，更能保护业主的利益。

1）固定总价合同适用的情况

(1) 工程量小、工期短、估计在施工过程中环境因素变化小，工程条件稳定并合理。

(2) 工程设计详细，图纸完整、清楚，工程任务和范围明确。

(3) 工程结构和技术简单，风险小。

(4) 投标期相对宽裕，承包商可以有充足的时间详细考察现场、复核工程量，分析招标文件，拟订施工计划。

2）固定总价合同的特点

固定总价合同的价格计算是以图纸及规定、规范为基础，承发包双方就施工项目协商一个固定的总价，由承包方一笔包死，不能变化。采用这种合同，合同总价只有在设计和工程范围有所变更的情况下才能随之作相应的变更，除此之外，合同总价是不能变动的。因此，作为合同价格计算依据的图纸及规定、规范应对工程作出详尽的描述。一般在施工图设计阶段，施工详图已完成的情况下，采用固定总价合同，承包方要承担实物工程量、工程单价、地质条件、气候和其他一切客观因素造成亏损的风险。在合同执行过程中，承发包双方均不能因为工程量、设备、材料价格、工资等变动和地质条件恶劣、气候恶劣等理由，提出对合同总价调值的要求，因此承包方要在投标时对一切费用的上升因素作出估计并包含在投标报价之中。因此，这种形式的合同适用于工期较短(一般不超过一年)，对最终产品的要求又非常明确的工程项目，这就要求项目的内涵清楚，项目设计图纸完整齐全，项目工作范围及工程量计算依据确切。

参见 7.1.2 约定内容中固定总价合同下的固定总价合同的特点。

2. 变动总价合同

参见 7.1.2 约定内容中可调价格合同下的可调总价合同。

其特点是可调总价合同的总价一般也是以图纸及规定、规范为计算基础，但它是按"时价"进行计算的，这是一种相对固定的价格。在合同执行过程中，由于通货膨胀而使所用的工料成本增加，因而对合同总价进行相应的调值，即合同总价依然不变，只是增加调值条款。因此可调总价合同均明确列出有关调值的特定条款，往往是在合同特别说明书中列明。调值工作必须按照这些特定的调值条款进行。这种合同与固定总价合同的不同在于，它对合同实施中出现的风险做了分摊，发包方承担了通货膨胀这一不可预测费用因素的风险，而承包方只承担了实施中实物工程量成本和工期等因素的风险。可调总价合同适用于工程内容和技术经济指标规定很明确的项目，由于合同中列明调值条款，所以在工期一年以上的项目较适合采用这种合同形式。

8.2.3 总价合同的计量与计价

固定总价合同的总价是固定的，计量支付方式相对简化，一般是把分部分项中一些相关项进行综合，归并到具有代表性的项目中，一般是比较直观的、外观看得见的主项工程实体中。业主单位对承包商上报的计量支付申请表进行复核，对于固定总价合同主要是控制不超过合同价，最终根据复核的实际完成的工程款进行支付。

(1) 采用工程量清单方式招标形成的总价合同，其工程量应按照《建设工程工程量清单计价规范》(GB 50500—2013)第 8.2 节相关条款的规定计算。

8.2.1 条　工程量必须以承包人完成合同工程应予计量的工程量确定。

8.2.2 条　施工中进行工程计量，当发现招标工程量清单中出现缺项、工程量偏差，或因工程变更引起工程量增减时，应按承包人在履行合同义务中完成的工程量计算。

8.2.3 条　承包人应当按照合同约定的计量周期和时间向发包人提交当期已完工程量报告。发包人应在收到报告后 7 天内核实，并将核实计量结果通知承包人。发包人未在约定时间内进行核实的，承包人提交的计量报告中所列的工程量应视为承包人实际完成的工程量。

8.2.4 条　发包人认为需要进行现场计量核实时，应在计量前 24 小时通知承包人，承包人应为计量提供便利条件并派人参加。当双方均同意核实结果时，双方应在上述记录上签字确认。承包人收到通知后不派人参加计量，视为认可发包人的计量核实结果。发包人不按照约定时间通知承包人，致使承包人未能派人参加计量，计量核实结果无效。

8.2.5 条　当承包人认为发包人核实后的计量结果有误时，应在收到计量结果通知后的 7 天内向发包人提出书面意见，并应附上其认为正确的计量结果和详细的计算资料。发包人收到书面意见后，应在 7 天内对承包人的计量结果进行复核后通知承包人。承包人对复核计量结果仍有异议的，按照合同约定的争议解决办法处理。

8.2.6 条　承包人完成已标价工程量清单中每个项目的工程量并经发包人核实无误后，发承包双方应对每个项目的历次计量报表进行汇总，以核实最终结算工程量，并应在汇总表上签字确认。

(2) 采用经审定批准的施工图纸及其预算方式发包形成的总价合同，除按照工程变更规定的工程量增减外，总价合同各项目的工程量应为承包人用于结算的最终工程量。

(3) 总价合同约定的项目计量应以合同工程经审定批准的施工图纸为依据，发承包双方应在合同中约定工程计量的形象目标或时间节点进行计量。

(4) 承包人应在合同约定的每个计量周期内对已完成的工程进行计量，并向发包人提交达到工程形象目标完成的工程量和有关计量资料的报告。

(5) 发包人应在收到报告后 7 天内对承包人提交的上述资料进行复核，以确定实际完成的工程量和工程形象目标。对其有异议的，应通知承包人进行共同复核。

8.3　固定总价合同与固定单价合同的区别

固定单价合同是指合同的价格计算是以图纸及规定、规范为基础，工程任务和内容明确，业主的要求和条件清楚，合同单价一次包死，固定不变，即不再因为环境的变化和工程量的增减而变化的一类合同。在这类合同中，承包商承担价格的风险，发包方承担量的风险。

固定单价合同是指合同的价格计算是以图纸及规定、规范为基础，工程任务和内容明确，业主的要求和条件清楚，合同单价一次包死、固定不变，即不再因为环境的变化和工程量的增减而变化的一类合同。

固定总价合同俗称"闭口合同"，也称为"包死合同"。所谓"固定"是指这种价款一经约定，除业主增减工程量和设计变更外，一律不调整；所谓"总价"是指施工单位为完成合同范围工程量而实施的全部工作的总价款。

如果没有设计变更，结算=预算(中标价) 。

固定单价合同是指针对当时的图纸、招标文件以及技术资料确定单价，而工程量按实结算。一般情况招标方都是给一个暂定量的。

结算=审计工程量×中标单价

固定单价是有利于乙方的，但如果固定总价，业主在施工过程中，投入的管理人员会少些，省心，而且利于控制造价。

有些时候设计图纸不详细、相关条件不具备，这时候工程量无法计算准确，但又想招标，这时候可以采用固定单价，工程量按实算，把图纸不详细的风险转嫁于施工单位。

8.4　可调价格合同

可调价格合同是指合同价款可根据双方的约定而调整，双方在专用条款内约定合同价款调整方法。

(1) 可调总价合同。可调总价合同又称变动总价合同。合同价格是以图纸及规定、规范为基础，按照时价进行计算，得到包括全部工程任务和内容的暂定合同价格。它是一种相对固定的价格，在合同执行过程中，由于通货膨胀等原因而使所使用的工、料成本增加时，可以按照合同约定对合同总价进行相应的调整。当然，一般由于设计变更、工程量变化和其他工程条件变化所引起的费用变化也可以进行调整。因此，通货膨胀等不可预见因素的风险由业主承担，对承包商而言，其风险相对较小；但对业主而言，不利于其进行投资控制，突破投资的风险就增大了。

单价合同的计量.mp3

(2) 可调单价合同。合同单价可调，一般是在工程招标文件中规定。在合同中签订的单价，根据合同约定的条款，如在工程实施过程中物价发生变化等，可作调整。有的工程在招标或签约时，因某些不确定因素而在合同中暂定某些分部分项工程的单价，在工程结算时，再根据实际情况和合同约定单价进行调整，确定实际结算单价。

可调单价合同中合同价款的调整因素包括以下几项。

① 法律、行政法规和国家有关政策变化影响合同价款。

② 工程造价管理部门公布的价格调整。

③ 一周内非承包人原因停水、停电、停气造成停工累计超过 8 h。

④ 双方约定的其他因素。

(3) 风险分析。

合同总价或者单价在合同实施期内，根据合同约定的办法调整，此类合同把实施中出现的风险做了分摊，发包方承担了通货膨胀的风险，而承包方承担了合同实施中实物工程量、成本和工期因素等其他风险。

(4) 适用范围。

可调总价适用于工程内容和技术经济指标规定很明确的项目，由于合同中列有调值条款，所以工期在一年以上的工程项目较适于采用这种合同计价方式。

8.5　成本加酬金合同

成本加酬金合同是将工程项目的实际投资划分成直接成本费和承包方完成工作后应得酬金两部分。工程实施过程中发生的直接成本费由发包方实报实销，再按合同约定的方式另外支付给承包方相应的报酬。

这种合同计价方式主要适用于工作范围很难确定的工程和在设计完成之前就开始施工的工程；工程内容及技术经济指标尚未全面确定，投标报价的依据尚不充分的情况下，发包方因工期要求紧迫，必须发包的工程；或者发包方与承包方之间有着高度的信任，承包方在某些方面具有独特的技术、特长或经验。其具体适用范围如下。

总价合同的计量.mp3

(1) 需要立即开展的项目。

(2) 新型的工程项目。

(3) 风险很大的项目。

这类合同中，业主承担项目实际发生的一切费用，因此也就承担了项目的全部风险。但是承包单位由于无风险，其报酬也就较低了。

第 8 章课件.pptx

这类合同的缺点是业主对工程造价不易控制，承包上也就往往不注意降低项目的成本。

第9章 工程计价表格

本章工程计价表格参考《建设工程工程量清单计价规范》(GB 50500—2013)中 16.0.1～16.0.6 节编制而成。其内容如下。

16.0.1　工程计价表宜采用统一格式。各省、自治区、直辖市建设行政主管部门和行业建设主管部门可根据本地区、本行业的实际情况，在本规范附录 B 至附录 L 计价表格的基础上补充完善。

16.0.2　工程计价表格的设置应满足工程计价的需要，方便使用。

16.0.3　工程量清单的编制应符合下列规定。

1. 工程量清单编制使用的表格包括：封-1、扉-1、表-01、表-08、表-11、表-12(不含表-12-6～表-12-8)、表-13、表-20、表-21 或表-22。

编制清单.mp4

2. 扉页应按规定的内容填写、签字、盖章，由造价员编制的工程量清单应有负责审核的造价工程师签字、盖章。受委托编制的工程量清单，应有造价工程师签字、盖章以及工程造价咨询人盖章。

3. 总说明应按下列内容填写。

1) 工程概况：建设规模、工程特征、计划工期、施工现场实际情况、自然地理条件、环境保护要求等。

2) 工程招标和专业工程发包范围。

3) 工程量清单编制依据。

4) 工程质量、材料、施工等的特殊要求。

5) 其他需要说明的问题。

16.0.4　招标控制价、投标报价、竣工结算的编制应符合下列规定。

1. 使用表格：

1) 招标控制价使用的表格包括：封-2、扉-2、表-01、表-02、表-03、表-04、表-08、表-09、表-11、表-12(不含表-12-6～表-12-8)、表-13、表-20、表-21 或表-22。

2) 投标报价使用的表格包括：封-3、扉-3、表-01、表-02、表-03、表-04、表-08、表-09、表-11、表-12(不含表-12-6～表-12-8)、表-13、表-16、招标文件提供的表-20、表-21 或表-22。

导出报表.mp4

3) 竣工结算使用的表格包括：封-4、扉-4、表-01、表-05、表-06、表-07、表-08、表-09、表-10、表-11、表-12、表-13、表-14、表-15、表-16、表-17、表-18、表-19、表-20、表-21 或表-22。

2. 扉页应按规定的内容填写、签字、盖章，除承包人自行编制的投标报价和竣工结算外，受委托编制的招标控制价、投标报价、竣工结算，由造价员编制的应有负责审核的造价工程师签字、盖章以及工程造价咨询人盖章。

3. 总说明应按下列内容填写。

1) 工程概况: 建设规模、工程特征、计划工期、合同工期、实际工期、施工现场及变化情况、施工组织设计的特点、自然地理条件、环境保护要求等。

2) 编制依据等。

16.0.5 工程造价鉴定应符合下列规定。

1. 工程造价鉴定使用表格包括: 封-5、扉-5、表-01、表-05～表-20、表-21 或表-22。

2. 扉页应按规定内容填写、签字、盖章, 应有承担鉴定和负责审核的注册造价工程师签字、盖执业专用章。

3. 说明应按本规范第 14.3.5 条第 1 款至第 6 款的规定填写。

16.0.6 投标人应按招标文件的要求, 附工程量清单综合单价分析表。

由以上内容可知, 本书涉及的表格如下。

(1) 招标控制价使用的表格包括: 封-2、扉-2、表-01、表-02、表-03、表-04、表-08、表-09、表-11、表-12(不含表-12-6～表-12-8)、表-13、表-20、表-21 或表-22。

(2) 投标报价使用的表格包括: 封-3、扉-3、表-01、表-02、表-03、表-04、表-08、表-09、表-11、表-12(不含表-12-6～表-12-8)、表-13、表-16、招标文件提供的表-20、表-21 或表-22。

(3) 竣工结算使用的表格包括: 封-4、扉-4、表-01、表-05、表-06、表-07、表-08、表-09、表-10、表-11、表-12、表-13、表-14、表-15、表-16、表-17、表-18、表-19、表-20、表-21 或表-22。

其中建设项目招标控制价汇总表和建设项目投标报价汇总表、单项工程招标控制价汇总表和单项工程投标报价汇总表、单位工程招标控制价汇总表和单位工程投标报价汇总表六张表除名称不一样外, 其内容都一样。此处只以招标控制价为例, 其余各表只编制一次, 然后根据表名从中选取所需表格。

界面介绍.mp4　　　新建工程.mp4

9.1　工程计价文件封面

工程计价文件封面见表 9-1～表 9-3。

表 9-1　招标控制价封面(封-2)

		某五层办公楼	工程
招 标 控 制 价			
	招　标　人：		
		(单位盖章)	
	造价咨询人：		
		(单位盖章)	
年　月　日			

河南省建设工程造价计价软件测评合格编号：2017-RJ004

表 9-2　投标总价封面(封-3)

		某五层办公楼	工程
投 标 总 价			
	投　标　人：		
		(单位盖章)	
		年　月　日	

河南省建设工程造价计价软件测评合格编号：2017-RJ004

表 9-3　竣工结算书封面(封-4)

		某五层办公楼	工程
竣 工 结 算 书			
	发　包　人：		
		(单位盖章)	
	招　标　人：		
		(单位盖章)	
	造价咨询人：		
		(单位盖章)	
		年　月　日	

9.2　工程计价文件扉页

工程计价文件扉页见表 9-4～表 9-6。

表 9-4　招标控制价扉页(扉-2)

	某五层办公楼	工程

招 标 控 制 价

招标控制价	(小写)：	9667394.25		
	(大写)：	玖佰陆拾陆万柒仟叁佰玖拾肆元贰角伍分		
招 标 人：			造价咨询人：	
	(单位盖章)			(单位资质专用章)
法定代表人 或其授权人：			法定代表人 或其授权人：	
	(签字或盖章)			(签字或盖章)
编 制 人：			复 核 人：	
	(造价人员签字盖专用章)			(造价工程师签字 盖专用章)
编 制 时 间：	年　月　日		复 核 时 间：	年　月　日

表 9-5　投标总价扉页(扉-3)

投 标 总 价

招 标 人：	
工 程 名 称：	某五层办公楼
投 标 总 价	(小写)：　　9667394.25
	(大写)：　　玖佰陆拾陆万柒仟叁佰玖拾肆元贰角伍分
投 标 人：	
	(单位盖章)
法定代表人 或其授权人：	
	(签字或盖章)
编 制 人：	
	(造价人员签字盖专用章)
编 制 时 间：	年　月　日

	扉-3

表 9-6　竣工结算总价扉页(扉-4)

某五层办公楼		工程	
竣工结算总价			
签约合同价	(小写):	(大写):	
竣工结算价	(小写):	(大写):	
发包人:	承包人:	造价咨询人:	
(单位盖章)	(单位盖章)	(单位资质专用章)	
法定代表人或其授权人:	法定代表人或其授权人:	法定代表人或其授权人:	
(签字或盖章)	(签字或盖章)	(签字或盖章)	
编制人:	核对人:		
(造价人员签字盖章)	(造价工程师签字盖专用章)		
编制时间:　年 月 日	核对时间:　年 月		
		扉-4	

9.3　工程计价总说明

工程计价总说明见表 9-7。

表 9-7　工程计价总说明(表-01)

总　说　明	
工程名称: 某五层办公楼	第 1 页 共 1 页

1.工程概况

本建筑物建设地点位于××××,地概貌属于平缓场地,为二类多层办公建筑,合理使用年限为 50 年,抗震设防烈度为 8 度,结构类型为框架结构体系,总建筑面积为 4030 平方米,建筑层数为 5 层,均在地上,檐口距地高度为 19.05 米,设计标高±0.000,相对绝对标高暂定为 100。

2.招标控制价包括的范围:施工图范围内的土建工程、钢筋工程和装饰装修工程。

3.招标控制价编制依据:

1)某五层办公楼施工图。

2)招标文件提供的工程量清单。

3)招标文件中有关计价的要求。

4)河南省房屋建筑与装饰工程预算定额(HA 01—31—2016)和《建设工程工程量清单计价规范》(GB—50500)和其相应的费用文件及有关的计价文件。

5)材料价格采用从广材网上查询到的当季的材料价格,对于没有发布信息的材料,其价格参考市场价

提示：招标控制价总说明的内容应包括采用的计价依据，采用的施工组织设计及材料价格来源，综合单价中的风险因素、风险范围(幅度)，其他等。

根据有关规定，如招标人或其委托的工程咨询人不按规范规定要求编制招标控制价，建设单位有权对其进行诉讼。所以在编制招标控制价总说明时，需要将其编制依据一一列明，并确实按照所列依据编制，以体现招标的公平、公正、实事求是的原则。

填写项目相关信息.mp4　　总说明.mp3.mp3

9.4 工程计价汇总表

工程计价汇总表见表9-8。

9-8　单位工程招标控制价汇总表(表-04)

工程名称：某五层办公楼　　　　标段：　　　　　　第 1 页 共 2 页

序号	汇 总 内 容	金 额/元	其中：暂估价/元
1	分部分项工程费	7 871 182.86	
1.1	A.1 土石方工程	16 485.15	
1.2	A.4 砌筑工程	300 646.73	
1.3	A.5 混凝土及钢筋混凝土工程	1 125 362.64	
1.4	A.8 门窗工程	4 847 233.84	
1.5	A.9 屋面及防水工程	115 912.78	
1.6	A.10 保温、隔热、防腐工程	147 780.33	
1.7	A.11 楼地面装饰工程	464 590.87	
1.8	A.12 墙、柱面装饰与隔断、幕墙工程	719 412.66	
1.9	A.13 天棚工程	133 724.25	
1.10	A.14 油漆、涂料、裱糊工程	33.61	
2	措施项目费	705 032.66	
2.1	其中：安全文明施工费	107 384.27	
3	其他项目费		
3.1	其中：暂列金额		

续表

序号	汇 总 内 容	金 额/元	其中：暂估价/元
3.2	其中：专业工程暂估价		
3.3	其中：计日工		
3.4	其中：总承包服务费		
3.5	其中：其他		
4	规费	133 148.67	
4.1	定额规费	133 148.67	
4.2	工程排污费		
4.3	其他		
5	不含税工程造价	8 709 364.19	
6	增值税	958 030.06	
7	含税工程造价	9 667 394.25	
招标控制价合计=1+2+3+4+6		9 667 394.25	0

注：本表适用于单位工程招标控制价或投标报价的汇总，如无单位工程划分，单项工程也使用本表汇总。

价格调整.mp4　　　　　价.mp4

提示：

(1) 单项工程是建设项目的组成部分，是具有独立的设计文件，在竣工后可以独立发挥效益或生产能力的独立工程，如一个仓库、一幢住宅。

单位工程是不能独立发挥生产能力的，但有独立的施工组织设计和图纸的工程，如土建工程、安装工程。

(2) 分部工程。按工程的种类或主要部位将单位工程划分为分部工程，如基础工程、主体工程、电气工程、通风工程等。

分项工程。按不同的施工方法、构造及规格将分部工程划分为分项工程，如土方工程，钢筋工程，给水工程中的铸铁管、钢管、阀门等安装。

分部工程是建筑物的一部分或是某一项专业的设备；分项工程是最小的，再也分不下去的，若干个分项工程合在一起就形成一个分部工程，分部工程合在一起就形成一个单位工程，单位工程合在一起就形成一个单项工程，一个单项工程或几个单项工程合在一起就构成一个建设项目。

建设项目竣工结算汇总表见表9-9。

表9-9 建设项目竣工结算汇总表(表-05)

工程名称：　　　　　　　　　　　　　　　　　　　　　　第　页共　页

序号	单项工程名称	金额/元	其中	
			安全文明施工费/元	规　费/元
合　计				

单项工程竣工结算汇总表见表9-10。

表9-10 单项工程竣工结算汇总表(表-06)

工程名称：　　　　　　　　　　　　　　　　　　　　　　第　页共　页

序号	单位工程名称	金额/元	其中	
			安全文明施工费/元	规　费/元
合　计				

单位工程竣工结算汇总表见表9-11。

表9-11 单位工程竣工结算汇总表(表-07)

工程名称：　　　　　　标段：　　　　　　　　　第　页共　页

序号	汇总内容	金　额/元
1	分部分项工程	
1.1		
1.2		
1.3		
1.4		
1.5		

续表

序号	汇总内容	金额/元
2	措施项目	
2.1	其中：安全文明施工费	
3	其他项目	
3.1	其中：专业工程结算价	
3.2	其中：计日工	
3.3	其中：总承包服务费	
3.4	其中：索赔与现场签证	
4	规费	
5	税金	
竣工结算总价合计=1+2+3+4+5		

注：如无单位工程划分，单项工程也使用本表汇总。

9.5　分部分项工程和措施项目计价表

分部分项工程和措施项目计价表见表 9-12。

表 9-12　分部分项工程和单价措施项目清单与计价表(表-08)

工程名称：某五层办公楼　　　　　　标段：　　　　　　　　　第　页共　页

序号	项目编码	项目名称	项目特征描述	计量单位	工程量	综合单价	合价	其中暂估价
	A.1	土石方工程					16 485.15	
1	010101001001	平整场地	1.土壤类别：一、二类土 2.弃土运距：自行考虑 3.取土运距：自行考虑	m²	808.17	1.41	1139.52	
2	010101002001	挖一般土方	1.土壤类别：一、二类土 2.挖土深度：2 m 内 3.弃土运距：自行考虑	m³	1127.66	13.6	15 336.18	

续表

序号	项目编码	项目名称	项目特征描述	计量单位	工程量	金额/元		
						综合单价	合价	其中暂估价
3	010103001001	回填方	1.密实度要求：夯填 2.填方材料品种：素土 3.填方来源、运距：自行考虑	m³	1	9.45	9.45	
		分部小计					16 485.15	
	A.4	砌筑工程					300 646.73	
1	010401003001	砌块墙	1.砖品种、规格、强度等级：加气混凝土砌块 2.厚度：200 厚加气块 0.000 以下 3.墙体类型：外墙 4.砂浆强度等级、配合比：水泥砂浆 M5.0	m³	789.54	372.62	294 198.39	
2	010401003002	砖墙	1.砖品种、规格、强度等级：标准砖 2.墙体类型：女儿墙 3.砂浆强度等级、配合比：水泥砂浆 M5.0 4.墙体厚度：240	m³	14.54	443.49	6 448.34	
		分部小计					300 646.73	
	A.5	混凝土及钢筋混凝土工程					1 125 362.64	
1	010501001001	垫层	1.混凝土种类：商混 2.混凝土强度等级：C15 3.商混运距：15 km	m³	93.96	259.24	24 358.19	

序号	项目编码	项目名称	项目特征描述	计量单位	工程量	金额/元		
						综合单价	合价	其中
								暂估价
2	010501004001	满堂基础	1.混凝土种类：商混 2.混凝土强度等级：C35 3.基础形式：有梁式筏板满堂基础 4.商砼运距：15 km 5.是否泵送：是	m³	503.21	309.38	155 683.11	
3	010502001001	矩形柱	1.混凝土种类：商混 2.混凝土强度等级：C35 3.柱形式：矩形 4.商砼运距：15 km 5.是否泵送：是 6.尺寸：400mm×400mm	m³	99.07	368.03	36 460.73	
4	010502002001	构造柱	1.混凝土种类：非泵送混凝土 2.混凝土强度等级：C25 3.柱形式：矩形 4.商砼运距：15 km 5.是否泵送：是	m³	3.86	439.27	1 695.58	
5	010505001001	有梁板	1.混凝土种类：商混 2.混凝土强度等级：C35 3.板形式：有梁板 4.商砼运距：15 km 5.是否泵送：是 6.厚度：100 mm	m³	609.98	315.63	192 527.99	
6	010506001001	直形楼梯	1.混凝土种类：商混 2.混凝土强度等级：C25 3.楼梯形式：直行 4.商砼运距：15 km 5.是否泵送：是	m²	122.49	108.14	13 246.07	

续表

序号	项目编码	项目名称	项目特征描述	计量单位	工程量	金额/元		其中
						综合单价	合价	暂估价
7	010507001001	散水	1.60 厚 C15 细石混凝土面层,撒 1：1 水泥砂子压实赶光 2.150 厚 3：7 灰土宽出面层 300 3.素土夯实，向外找坡 4%	m²	123.94	56.13	6 956.75	
8	010507004001	台阶	1.20 厚花岗岩铺面,正、背面及四周满涂防污剂，细水泥浆擦缝 2.撒素水泥面(洒适量清水) 3.30 厚 1：4 硬性水泥砂浆黏结层 4.素水泥浆一道(内掺建筑胶) 5.100 厚 C15 混凝土，台阶面向外找坡 1% 6.300 厚 3：7 灰土垫层分两步夯实 7.素土夯实	m²	9.54	516.82	4 930.46	
9	010507005001	压顶	1.断面尺寸：360×120 2.混凝土种类：商混 3.混凝土强度等级：C25 4.是否泵送：是	m³	5.45	490.52	2 673.33	
10	010515001001	现浇构件钢筋	钢筋种类、规格：Φ10 以内	t	50.382	4974.69	250 634.83	
11	010515001002	现浇构件钢筋	钢筋种类、规格：Φ10～Φ18	t	27.411	4342.85	119 041.86	

续表

| 序号 | 项目编码 | 项目名称 | 项目特征描述 | 计量单位 | 工程量 | 金额/元 | | 其中 |
						综合单价	合价	暂估价
12	040901001001	现浇构件钢筋	1.钢筋种类：二级钢 2.钢筋规格：二级钢 Φ10～Φ18	t	1	4700.69	4 700.69	
13	010515001003	现浇构件钢筋	钢筋种类、规格：三级钢 Φ18 以外	t	67.027	4315.59	289 261.05	
14	010516003002	电渣压力焊	电渣压力焊	个	1280	5.87	7 513.6	
15	010516003001	机械连接	连接方式:锥螺纹连接	个	956	16.4	15 678.4	
		分部小计					1 125 362.64	
	A.8	门窗工程					4 847 233.84	
1	010805005001	全玻自由门	1.门代号：M1 2.门洞尺寸：1500×2100 3.门材质：玻璃门	樘	56	83 487.69	4 675 310.64	
2	010801004001	木质防火门	1.门代号：M2 2.门洞尺寸：1500×2400 3.门材质：乙级木质防火门	m²	36	413.58	14 888.88	
3	010801001001	木质门	1.门代号：M3 2.门洞尺寸：900×2100 3.门材质：木质夹板门	m²	18.9	549.31	10 381.96	
4	010805005002	全玻自由门	1.门代号：M4 2.门洞尺寸：3000×2700 3.门材质：不锈钢玻璃门	m²	8.1	1027.29	8 321.05	

续表

序号	项目编码	项目名称	项目特征描述	计量单位	工程量	综合单价	合 价	其中暂估价
5	010802001001	金属(塑钢)门	1.门代号：M5 2.门洞尺寸：2100×2400 3.门材质：塑钢推拉门	m²	5.04	265.86	1 339.93	
6	010807001001	金属塑钢窗	1.窗代号：C1 2.窗洞尺寸：1800×1500 3.窗材质：塑钢窗	m²	408.6	284.51	116 250.79	
7	010807001003	金属塑钢弧形窗	1.窗代号：C3 2.窗洞尺寸：1800×1500 3.窗材质：塑钢弧形窗	樘	27	768.17	20 740.59	
		分部小计					4 847 233.84	
	A.9	屋面及防水工程					115 912.78	
1	010902001001	屋面卷材防水	(1)满土银粉保护剂 (2)防水层(SBS)，四周卷边250 (3)20厚1：3水泥砂浆找平层 (4)平均40厚1：0.2：3.5水泥粉煤灰页岩陶粒找2%坡	m²	727.33	146.41	106 488.39	
2	010904002001	楼(地)面涂膜防水	1.防水膜品种:水溶性涂膜 2.涂膜厚度、遍数：3道共2 mm 3.反边高度：150	m²	237.73	37.2	8 843.56	
3	010902004001	屋面排水管	1.排水管品种、规格：塑料(PVC) 2.雨水斗、山墙出水口品种、规格：直径100	m	19.05	30.49	580.83	

续表

序号	项目编码	项目名称	项目特征描述	计量单位	工程量	金额/元		其中
						综合单价	合价	暂估价
		分部小计					115 912.78	
	A.10	保温、隔热、防腐工程					147 780.33	
1	011001003001	保温隔热墙面	1.保温隔热部位：墙体 2.保温隔热方式：外保温 3.保温隔热材料品种、规格及厚度：50 厚聚苯乙烯泡沫板	m²	2248.43	45.89	103 180.45	
2	011001001001	保温隔热屋面	80 厚现喷硬质发泡聚氨	m²	727.33	61.32	44 599.88	
		分部小计					147 780.33	
	A.11	楼(地)面装饰工程					464 590.87	
1	011102001001	石材地面	地面 1：大理石地面(大理石尺寸 800×800) (1)铺 20 厚大理石板，稀水泥擦缝 (2)撒素水泥面(洒适量清水) (3)30 厚 1：3 干硬性水泥砂浆黏结层 (4)100 厚 C10 素混凝土 (5)150 厚 3：7 灰土夯实 (6)素土夯实	m²	131.71	416.85	54 903.31	
2	011102003001	块料地面	地面 2：防滑地砖地面 (1)2.5 厚石塑防滑地砖，建筑胶粘剂粘铺，稀水泥浆碱擦缝 (2)素水泥浆一道(内掺建筑胶) (3)30 厚 C15 细石混凝土随打随抹 (4)3 厚高聚物改性沥青涂膜防水层，四周往上卷 150 高 (5)平均 35 厚 C15 细石混凝土找坡层 (6)150 厚 3：7 灰土夯实 (7)素土夯实，压实系数 0.95	m²	58.35	215.65	12 583.18	

序号	项目编码	项目名称	项目特征描述	计量单位	工程量	综合单价	合价	其中 暂估价
3	011102003002	块料地面	地面3：铺地砖地面 (1)10厚高级地砖，建筑胶黏剂粘铺，稀水泥浆碱擦缝 (2)20厚1∶2干硬性水泥砂浆黏结层 (3)素水泥结合层一道 (4)50厚C10混凝土 (5)150厚5-32卵石灌M2.5混合砂浆，平板振捣器振捣密实 (6)素土夯实，压实系数0.95	m²	531.96	163.2	86 815.87	
4	011101001001	水泥砂浆地面	地面4：水泥地面 (1)20厚1∶2.5水泥砂浆抹面压实赶光 (2)素水泥浆一道(内掺建筑胶) (3)50厚C10混凝土 (4)150厚5-32卵石灌M2.5混合砂浆，平板振捣器振捣密实 (5)素土夯实，压实系数0.95	m²	1	90.48	90.48	
5	011102003003	块料楼面	楼面1：地砖楼面 (1)10厚高级地砖，稀水泥浆擦缝 (2)6厚建筑胶水泥砂浆粘结层 (3)素水泥浆一道(内掺建筑胶) (4)20厚1∶3水泥砂浆找平层 (5)素水泥浆一道(内掺建筑胶) (6)钢筋混凝土楼板	m²	556.58	95.25	53 014.25	

续表

序号	项目编码	项目名称	项目特征描述	计量单位	工程量	金额/元		其中
						综合单价	合价	暂估价
6	011102003004	块料楼面	楼面 2：防滑地砖防水楼面(砖采用 400×400)： (1)10 厚防滑地砖，稀水泥浆擦缝 (2)撒素水泥面(洒适量清水) (3)20 厚 1：2 干硬性水泥砂浆黏结层 (4)1.5 厚聚氨酯涂膜防水层靠墙处卷边 150 (5)20 厚 1：3 水泥砂浆找平层，四周及竖管根部位抹小八字角素水泥浆一道 (6)平均厚 35 厚 C15 细石混凝土从门口向地漏找 1%坡 (7)现浇混凝土楼板	m²	179.38	159.62	28 632.64	
7	011102001002	石材楼面	楼面 3：大理石楼面(大理石尺寸800×800) (1)铺 20 厚大理石板，稀水泥擦缝 (2)撒素水泥面(洒适量清水) (3)30 厚 1：3 干硬性水泥砂浆粘结层 (4)40 厚 1：1.6 水泥粗砂焦渣垫层 (5)钢筋混凝土楼板	m²	635.98	247.78	157 583.12	
8	011101001002	水泥砂浆楼面	楼面 4：水泥楼面 (1)20 厚 1：2.5 水泥砂浆压实赶光 (2)40 厚 CL7.5 轻集料混凝土 (3)钢筋混凝土楼板	m²	1515.48	24.61	37 295.96	

续表

序号	项目编码	项目名称	项目特征描述	计量单位	工程量	金额/元		其中
						综合单价	合价	暂估价
9	011105003001	块料踢脚线	踢脚1：地砖踢脚:(用 400×100 深色地砖，高度为 100) (1)10 厚防滑地砖踢脚，稀水泥浆擦缝 (2)8 厚 1：2 水泥砂浆(内掺建筑胶)黏结层 (3)5 厚 1：3 水泥砂浆打底扫毛或划出纹道	m²	49.79	81.33	4 049.42	
10	011105002001	石材踢脚线	踢脚2：大理石踢脚:(用 800×100 深色大理石，高度为 100) (1)15 厚大理石踢脚板，稀水泥浆擦缝 (2)10 厚 1：2 水泥砂浆(内掺建筑胶)粘结层 (3)界面剂一道甩毛(甩前先将墙面用水湿润)	m²	106.91	224.45	23 995.95	
11	011105001001	水泥砂浆踢脚线	踢脚3：水泥踢脚(高 100) (1)6 厚 1：2.5 水泥砂浆罩面压实赶光 (2)素水泥浆一道 (3)6 厚 1：3 水泥砂浆打底扫毛或划出纹道	m²	116.35	48.36	5 626.69	
		分部小计					464 590.87	
	A.12	墙、柱面装饰与隔断、幕墙工程					719 412.66	
1	011209002001	全玻(无框玻璃)幕墙	外墙4：玻璃幕墙	m²	1	605.22	605.22	
2	011201001001	墙面一般抹灰	外墙5：水泥砂浆外墙 (1)6 厚 1：2.5 水泥砂浆罩面 (2)12 厚 1：3 水泥砂浆打底扫毛或划出纹道	m²	1	30.27	30.27	

续表

序号	项目编码	项目名称	项目特征描述	计量单位	工程量	金额/元		其中
						综合单价	合价	暂估价
3	011407001001	墙面喷刷涂料	外墙3：涂料墙面 (1)喷 HJ80-1 型无机建筑涂料 (2)6 厚 1：2.5 水泥砂浆找平 (3)12 厚 1：3 水泥砂浆打底扫毛或划出纹道 (4)刷素水泥浆一道(内掺水重 5%的建筑胶) (5)50 厚聚苯保温板保温层 (6)刷一道 YJ-302 型混凝土界面处理剂	m²	1568.23	110.35	173 054.18	
4	011204001001	石材墙面	外墙2：干挂大理石墙面 (1)干挂石材墙面 (2)竖向龙骨间整个墙面用聚合物砂浆粘贴35 厚聚苯保温板，聚苯板与角钢竖龙骨交接处严贴，不得有缝隙，黏结面积 20%聚苯，离墙 10mm 形成 10mm 厚的空气层。聚苯保温板容重≥18kg/m³ (3)墙面	m²	536.87	365.85	196 413.89	
5	011204003001	块料墙面	外墙1：面砖外墙 (1)10 厚面砖，在转粘贴面上随粘随刷一遍混凝土界面处理剂，1:1 水泥砂浆勾缝 YJ-302 (2)6 厚 1：0.2：2.5 水泥石灰膏砂浆(内掺建筑胶) (3)刷素水泥浆一道(内掺水重 5%的建筑胶) (4)50 厚聚苯保温板保温层 (5)刷一道 YJ-302 型混凝土界面处理剂	m²	54.67	134.12	7332.34	

序号	项目编码	项目名称	项目特征描述	计量单位	工程量	金 额/元		其中
						综合单价	合价	暂估价
6	011201001002	墙面一般抹灰	内墙面 1：水泥砂浆墙面 (1)喷水性耐擦洗涂料 (2)5 厚 1∶2.5 水泥砂浆找平 (3)9 厚 1∶3 水泥砂浆打底扫毛 (4)素水泥浆一道甩毛(内掺建筑胶)	m²	5914.86	28.04	165 852.67	
7	011204001002	石材墙面	内墙面 2：瓷砖墙面(面层用 200×300 高级面砖) (1)白水泥擦缝 (2)5 厚釉面砖面层(粘前先将釉面砖浸水两小时以上) (3)5 厚 1∶2 建筑水泥砂浆粘结层 (4)素水泥浆一道 (5)9 厚 1∶3 水泥砂浆打底压实抹平 (6)素水泥浆一道甩毛	m²	750.1	225.72	169 312.57	
8	011204001003	石材墙裙	墙裙 1：普通大理石板墙裙 (1)稀水泥浆擦缝 (2)贴 10 厚大理石板，正、背面及四周边满刷防污剂 (3)素水泥浆一道 (4)6 厚 1∶0.5∶2.5 水泥石灰膏砂浆罩面 (5)8 厚 1∶3 水泥砂浆打底扫毛划出纹道 (6)素水泥浆一道甩毛(内掺建筑胶)	m²	23.76	286.68	6 811.52	
		分部小计					719 412.66	
	A.13	天棚工程					133 724.25	

续表

序号	项目编码	项目名称	项目特征描述	计量单位	工程量	金额/元		其中
						综合单价	合价	暂估价
1	011302001001	吊顶 1	吊顶 1：铝合金条板吊顶，燃烧性能为 A 级 (1)1.0 厚铝合金条板，离缝安装带插缝板 (2)U 型轻钢次龙骨 LB45×48，中距≤1500 (3)U 型轻钢主龙骨 LB38×12，中距≤1500 与钢筋吊杆固定 (4)A6 钢筋吊杆，中距横向≤1500 纵向≤1200 (5)现浇混凝土板底预留 A10 钢筋吊环，双向中距≤1500	m²	1118.64	47.99	53 683.53	
2	011302001002	吊顶 2	吊顶 2：岩棉吸音板吊顶，燃烧性能为 A 级 (1)12 厚岩棉吸声板面层，规格 592×592 (2)T 型轻钢次龙骨 TB24×28，中距 600 (3)T 型轻钢次龙骨 TB24×38，中距 600，找平后与钢筋吊杆固定 (4)A8 钢筋吊杆，双向中距≤1200、现浇混凝土板底预留 A10 钢筋吊环，双向中距≤1200	m²	191.08	128.18	24 492.63	
3	011302001003	天棚	天棚 1：抹灰天棚 (1)喷水性耐擦洗涂料 (2)3 厚 1：2.5 水泥砂浆找平 (3)5 厚 1：3 水泥砂浆打底扫毛或划出纹道 (4)素水泥浆一道甩毛(内掺建筑胶)	m²	2611.57	21.27	55 548.09	

续表

序号	项目编码	项目名称	项目特征描述	计量单位	工程量	金 额(元)		
						综合单价	合价	其中暂估价
		分部小计					133 724.25	
	A.14	油漆、涂料、裱糊工程					33.61	
1	011405001001	金属面油漆	(1)刷耐酸漆两遍 (2)满刮腻子砂纸抹平 (3)刷防锈漆一遍 (4)金属面清理、除锈	m²	1	13.31	13.31	
2	011404007001	其他木材面	(1)刷调和漆两遍 (2)局部刮腻子砂纸打磨光凭 (3)刷底油一遍 (4)基层清理、除污、砂纸打磨	m²	1	20.3	20.3	
		分部小计					33.61	
		措施项目					548 240.5	
1	011701001001	综合脚手架	1.建筑结构形式：框架结构 2.檐口高度：19.05	m²	4059.99	17.91	72 714.42	
2	011702001001	基础	基础类型：有梁式满堂基础模板	m²	532.02	38.91	20 700.9	
3	011702002001	矩形柱	矩形柱模板	m²	707.4	58.44	41 340.46	
4	011702002002	矩形柱	矩形柱模板	m²	197.83	51.29	10 146.7	
5	011702003001	构造柱	构造柱模板	m²	20.36	45.69	930.25	
6	011702003002	构造柱	构造柱模板	m²	5.61	8.96	50.27	
7	011702014001	有梁板	有梁板模板	m²	5663.41	56.22	318 396.91	
8	011702024001	楼梯	楼梯模板	m²	1			
9	011703001001	垂直运输	1.建筑物建筑类型及结构形式:现浇框架结构 2.建筑物檐口高度、层数:檐高19.05，层数5	m²	4059.99	20.68	83 960.59	
10	011705001001	大型机械设备进出场及安拆		台·次	1			

续表

序号	项目编码	项目名称	项目特征描述	计量单位	工程量	金额/元		
						综合单价	合价	其中暂估价
11	011707001001	安全文明施工		项	1			
合　计							8 419 423.36	

注：为计取规费等的使用，可在表中增设其中："定额人工费"。

提示：

(1) 《建设工程工程量清单计价规范》(GB 50500—2013)规定，部分有一个以上计量单位的清单项目，可以根据实际工作，选择一个最适宜的。例如门窗工程中的计量单位"樘/m²"对于市场上有标准化生产的构件就可以用"樘"为单位，而对于市场上一般习惯以"m²"作为报价和结算单位的就以"m²"为单位。

(2) 工程量的计算必须依照《建设工程工程量清单计价规范》(GB 50500—2013)中规定的计算规则计算，全国标准一致并统一。因为各地方定额或消耗量的计算规则不尽相同，应注意。例如清单中规定金属扶手带栏杆、栏板项目的计算规则是按设计图示尺寸以扶手中心线长度计算，而有些地方则是以扶手中心线长度乘以高度以面积计算。

综合单价分析表见表 9-13～表 9-81。

表 9-13　综合单价分析表(表-09)

工程名称：某五层办公楼　　　　　　　标段：　　　　　　第 1 页　共 67 页

项目编码	010101001001	项目名称	平整场地	计量单位	m²	工程量	808.17

清单综合单价组成明细

定额编号	定额项目名称	定额单位	数量	单价				合价			
				人工费	材料费	机械费	管理费和利润	人工费	材料费	机械费	管理费和利润
1-124	机械场地平整	100 m²	0.01	5.4		128.55	6.75	0.05		1.29	0.07
人工单价		小计						0.05		1.29	0.07
63.53 元/工日		未计价材料费									
清单项目综合单价								1.41			

材料费明细	主要材料名称、规格、型号		单位	数量	单价/元	合价/元	暂估单价/元	暂估合价/元

注：1. 如不使用省级或行业建设主管部门发布的计价依据，可不填定额编号、名称等。

2. 招标文件提供了暂估单价的材料，按暂估的单价填入表"暂估单价"栏及"暂估合价"栏内。

120 项目输入.mp4

120-1 工程量输入.mp4

120-2 套用定额.mp4

表 9-14　综合单价分析表(表-09)

工程名称：某五层办公楼　　　　　　　　　　标段：　　　　　　　第 2 页　共 67 页

项目编码	010101002001		项目名称	挖一般土方		计量单位	m³	工程量	1127.66

清单综合单价组成明细

定额编号	定额项目名称	定额单位	数量	单价				合价			
				人工费	材料费	机械费	管理费和利润	人工费	材料费	机械费	管理费和利润
1-46	挖掘机挖装一般土方一、二类土	10m³	0.09	16.91		42.43	6.05	1.52		3.82	0.54
1-1	人工挖一般土方(基深)一、二类土≤2m	10m³	0.01	133.26			36.33	1.33			0.36
1-65	自卸汽车运土方运距≤1km	10m³	0.1	1.65		56.08	2.42	0.17		5.61	0.24
人工单价		小计						3.02		9.43	1.14
63.57 元/工日		未计价材料费									
清单项目综合单价								13.6			

材料费明细	主要材料名称、规格、型号				单位	数量	单价/元	合价/元	暂估单价/元	暂估合价/元

注：1. 如不使用省级或行业建设主管部门发布的计价依据，可不填定额编号、名称等。

　　2. 招标文件提供了暂估单价的材料，按暂估的单价填入表"暂估单价"栏及"暂估合价"栏内。

表 9-15　综合单价分析表(表-09)

工程名称：某五层办公楼　　　　　　　　标段：　　　　　　　第 3 页　共 67 页

项目编码	010103001001		项目名称	回填方	计量单位	m³	工程量	1

清单综合单价组成明细

定额编号	定额项目名称	定额单位	数量	单价				合价			
				人工费	材料费	机械费	管理费和利润	人工费	材料费	机械费	管理费和利润
1-62	挖掘机装车	10m³	0.1	3.24		29.24	1.9	0.32		2.92	0.19
1-65	自卸汽车运土方运距≤1km	10m³	0.1	1.65		56.08	2.42	0.17		5.61	0.24
人工单价		小计						0.49		8.53	0.43
63.64 元/工日		未计价材料费									
清单项目综合单价								9.45			

材料费明细	主要材料名称、规格、型号				单位	数量	单价/元	合价/元	暂估单价/元	暂估合价/元

注：1. 如不使用省级或行业建设主管部门发布的计价依据，可不填定额编号、名称等。

2. 招标文件提供了暂估单价的材料，按暂估的单价填入表"暂估单价"栏及"暂估合价"栏内。

表9-16　综合单价分析表(表-09)

工程名称：某五层办公楼　　　　　　　　标段：　　　　　第 4 页　共 67 页

项目编码	010401003001		项目名称	砌块墙	计量单位	m³	工程量	789.54

清单综合单价组成明细

定额编号	定额项目名称	定额单位	数量	单价				合价			
				人工费	材料费	机械费	管理费和利润	人工费	材料费	机械费	管理费和利润
4-45换	蒸压加气混凝土砌块墙墙厚≤200mm砂浆换为【砌筑水泥砂浆M5.0】	10m³	0.1	918.93	2404.04	14.02	389.35	91.89	240.4	1.4	38.94
人工单价		小计						91.89	240.4	1.4	38.94
93.23 元/工日		未计价材料费									
清单项目综合单价								372.62			

材料费明细	主要材料名称、规格、型号		单位	数量	单价/元	合价/元	暂估单价/元	暂估合价/元
	蒸压粉煤灰加气混凝土砌块 600×190×240		m³	0.977	235	229.6		
	其他材料费					10.81		
	材料费小计					240.42		

注：1. 如不使用省级或行业建设主管部门发布的计价依据，可不填定额编号、名称等。

　　2. 招标文件提供了暂估单价的材料，按暂估的单价填入表"暂估单价"栏及"暂估合价"栏内。

表 9-17　综合单价分析表(表-09)

工程名称：某五层办公楼　　　　　　　　　标段：　　　　　　第 5 页　共 67 页

项目编码	010401003002	项目名称	砖墙	计量单位	m³	工程量	14.54

清单综合单价组成明细

定额编号	定额项目名称	定额单位	数量	单价				合价			
				人工费	材料费	机械费	管理费和利润	人工费	材料费	机械费	管理费和利润
4-10 换	混水砖墙 1 砖换为【砌筑水泥砂浆 M5.0】换为【标准砖 240×115×53】	10m³	0.1	1065.49	2874.28	45.01	450.12	106.55	287.43	4.5	45.01
人工单价		小计						106.55	287.43	4.5	45.01
94.7 元/工日		未计价材料费									
清单项目综合单价								443.49			

材料费明细	主要材料名称、规格、型号				单位	数量	单价/元	合价/元	暂估单价/元	暂估合价/元
	其他材料费						－	287.43	－	
	材料费小计						－	287.42	－	

注：1. 如不使用省级或行业建设主管部门发布的计价依据，可不填定额编号、名称等。

　　2. 招标文件提供了暂估单价的材料，按暂估的单价填入表"暂估单价"栏及"暂估合价"栏内。

表9-18　综合单价分析表(表-09)

工程名称：某五层办公楼　　　　　　　　标段：　　　　　　　第 6 页　共 67 页

项目编码	010501001001		项目名称		垫层	计量单位	m³	工程量	93.96

清单综合单价组成明细

定额编号	定额项目名称	定额单位	数量	单价				合价			
				人工费	材料费	机械费	管理费和利润	人工费	材料费	机械费	管理费和利润
5-1	现浇混凝土垫层	10m³	0.1	342.15	2054.3		195.97	34.22	205.43		19.6
人工单价		小计						34.22	205.43		19.6
92.42 元/工日		未计价材料费									
清单项目综合单价								259.24			

材料费明细	主要材料名称、规格、型号	单位	数量	单价/元	合价/元	暂估单价/元	暂估合价/元
	预拌混凝土 C15	m³	1.01	200	202		
	其他材料费			–	3.43	–	
	材料费小计			–	205.43	–	

注：1. 如不使用省级或行业建设主管部门发布的计价依据，可不填定额编号、名称等。

　　2. 招标文件提供了暂估单价的材料，按暂估的单价填入表"暂估单价"栏及"暂估合价"栏内。

表 9-19　综合单价分析表(表-09)

工程名称：某五层办公楼　　　　　　　　　　标段：　　　　　　　第 7 页　共 67 页

项目编码	010501004001		项目名称	满堂基础	计量单位	m³	工程量	503.21

清单综合单价组成明细

定额编号	定额项目名称	定额单位	数量	单价				合价			
				人工费	材料费	机械费	管理费和利润	人工费	材料费	机械费	管理费和利润
5-7 H8021 0557 802105 65	现浇混凝土满堂基础有梁式换为【预拌混凝土 C40】	10m³	0.1	287.2	2641.06	0.8	164.72	28.72	264.11	0.08	16.47
人工单价		小计						28.72	264.11	0.08	16.47
92.44 元/工日		未计价材料费									
清单项目综合单价								309.38			

材料费明细	主要材料名称、规格、型号				单位	数量	单价/元	合价/元	暂估单价/元	暂估合价/元
	预拌混凝土 C35				m³	1.01	260	262.6		
	其他材料费							1.51		
	材料费小计							264.11		

注：1. 如不使用省级或行业建设主管部门发布的计价依据，可不填定额编号、名称等。

　　2. 招标文件提供了暂估单价的材料，按暂估的单价填入表"暂估单价"栏及"暂估合价"栏内。

表9-20　综合单价分析表(表-09)

工程名称：某五层办公楼　　　　　　　标段：　　　　　第 8 页　共 67 页

项目编码	010502001001	项目名称	矩形柱	计量单位	m³	工程量	99.07

清单综合单价组成明细

定额编号	定额项目名称	定额单位	数量	单价				合价			
				人工费	材料费	机械费	管理费和利润	人工费	材料费	机械费	管理费和利润
5-11 H80210557 CP1480	现浇混凝土矩形柱换为【C35-20(42.5水泥)泵送碎石混凝土】换为【预拌混凝土C40】	10m³	0.1	666.49	2631.85		381.87	66.65	263.19		38.19
人工单价		小计						66.65	263.19		38.19
92.43 元/工日		未计价材料费									
清单项目综合单价								368.03			

材料费明细	主要材料名称、规格、型号		单位	数量	单价/元	合价/元	暂估单价/元	暂估合价/元
	预拌混凝土 C35		m³	0.9797	260	254.72		
	其他材料费					1.8		
	材料费小计					256.52		

注：1. 如不使用省级或行业建设主管部门发布的计价依据，可不填定额编号、名称等。

　　2. 招标文件提供了暂估单价的材料，按暂估的单价填入表"暂估单价"栏及"暂估合价"栏内。

表 9-21　综合单价分析表(表-09)

工程名称：某五层办公楼　　　　　　　　　标段：　　　　　　　第 9 页　共 67 页

项目编码	010502002001	项目名称	构造柱	计量单位	m³	工程量	3.86

清单综合单价组成明细

定额编号	定额项目名称	定额单位	数量	单价				合价			
				人工费	材料费	机械费	管理费和利润	人工费	材料费	机械费	管理费和利润
5-12 H8021 0557 80210 565	现浇混凝土构造柱　换为【预拌混凝土 C40】	10m³	0.1	1115.8	2637.64		639.27	111.58	263.76		63.93
人工单价		小计						111.58	263.76		63.93
92.43 元/工日		未计价材料费									
清单项目综合单价								439.27			

材料费明细	主要材料名称、规格、型号				单位	数量	单价/元	合价/元	暂估单价/元	暂估合价/元
	其他材料费							2.38		
	材料费小计							2.38		

注：1. 如不使用省级或行业建设主管部门发布的计价依据，可不填定额编号、名称等。

　　2. 招标文件提供了暂估单价的材料，按暂估的单价填入表"暂估单价"栏及"暂估合价"栏内。

表 9-22 综合单价分析表(表-09)

工程名称：某五层办公楼 　　　　　　　　标段： 　　　　　第 10 页　共 67 页

| 项目编码 | 010505001001 | 项目名称 | | 有梁板 | 计量单位 | m³ | 工程量 | 609.98 |

清单综合单价组成明细

定额编号	定额项目名称	定额单位	数量	单价				合价			
				人工费	材料费	机械费	管理费和利润	人工费	材料费	机械费	管理费和利润
5-30 H8021 0557 80210 565	现浇混凝土有梁板　换为【预拌混凝土 C40】	10m³	0.1	280.23	2713.1	2.51	160.48	28.02	271.31	0.25	16.05
人工单价		小计						28.02	271.31	0.25	16.05
92.42 元/工日		未计价材料费									
清单项目综合单价								315.63			

材料费明细	主要材料名称、规格、型号		单位	数量	单价/元	合价/元	暂估单价/元	暂估合价/元
	预拌混凝土 C35		m³	1.01	260	262.6		
	其他材料费					8.71		
	材料费小计					271.3		

注：1. 如不使用省级或行业建设主管部门发布的计价依据，可不填定额编号、名称等。

　　2. 招标文件提供了暂估单价的材料，按暂估的单价填入表"暂估单价"栏及"暂估合价"栏内。

表 9-23　综合单价分析表(表-09)

工程名称：某五层办公楼　　　　　　　　　标段：　　　　　　　　第 11 页　共 67 页

项目编码	010506001001	项目名称	直形楼梯	计量单位	m²	工程量	122.49

清单综合单价组成明细

定额编号	定额项目名称	定额单位	数量	单价				合价			
				人工费	材料费	机械费	管理费和利润	人工费	材料费	机械费	管理费和利润
5-46 H80210 557 8021055 9	现浇混凝土楼梯 直形 换为【预拌混凝土 C25】	10m² 水平投影面积	0.1	247.05	692.91		141.41	24.71	69.29		14.14
人工单价		小计						24.71	69.29		14.14
92.42 元/工日		未计价材料费									
清单项目综合单价								108.14			

材料费明细	主要材料名称、规格、型号			单位	数量	单价/元	合价/元	暂估单价/元	暂估合价/元
	其他材料费						2.05		
	材料费小计						2.06		

注：1. 如不使用省级或行业建设主管部门发布的计价依据，可不填定额编号、名称等。

　　2. 招标文件提供了暂估单价的材料，按暂估的单价填入表"暂估单价"栏及"暂估合价"栏内。

表9-24　综合单价分析表(表-09)

工程名称：某五层办公楼　　　　　　　　　标段：　　　　　　　第 12 页　共 67 页

项目编码	010507001001	项目名称	散水	计量单位	m²	工程量	123.94

清单综合单价组成明细

定额编号	定额项目名称	定额单位	数量	单价				合价			
				人工费	材料费	机械费	管理费和利润	人工费	材料费	机械费	管理费和利润
5-49 H8021 0557 802105 19	现浇混凝土散水　换为【细石混凝土 C15】	10m²水平投影面积	0.1	121.41	185.98	2.28	69.38	12.14	18.6	0.23	6.94
4-72	垫层 灰土	10m³	0.015	487.93	508.67	11.22	207.02	7.32	7.63	0.17	3.11
人工单价	小计							19.46	26.23	0.4	10.05
92.41 元/工日	未计价材料费										
清单项目综合单价								56.13			

材料费明细	主要材料名称、规格、型号				单位	数量	单价/元	合价/元	暂估单价/元	暂估合价/元
	其他材料费							25.15		
	材料费小计							25.15		

注：1. 如不使用省级或行业建设主管部门发布的计价依据，可不填定额编号、名称等。

　　2. 招标文件提供了暂估单价的材料，按暂估的单价填入表"暂估单价"栏及"暂估合价"栏内。

表9-25　综合单价分析表(表-09)

工程名称：某五层办公楼　　　　　　　　标段：　　　　　　　第 13 页　共 67 页

项目编码	010507004001	项目名称	台阶	计量单位	m²	工程量	9.54

清单综合单价组成明细

定额编号	定额项目名称	定额单位	数量	单价				合价			
				人工费	材料费	机械费	管理费和利润	人工费	材料费	机械费	管理费和利润
10-203换	防腐面层平面块料水玻璃耐酸胶泥铺砌厚度80mm 花岗岩板500×400×80	100m²	0.01	8601.6	36500.43	79.94	2856.24	86.02	365	0.8	28.56
4-72	垫层 灰土	10m³	0.03	487.93	508.67	11.22	207.02	14.64	15.26	0.34	6.21
人工单价		小计						100.66	380.26	1.14	34.77
92.43 元/工日		未计价材料费									
清单项目综合单价								516.82			

材料费明细	主要材料名称、规格、型号				单位	数量	单价/元	合价/元	暂估单价/元	暂估合价/元
	预拌混凝土 C15				m³	0.001	200	0.2		
	其他材料费							380.05		
	材料费小计							380.25		

注：1. 如不使用省级或行业建设主管部门发布的计价依据，可不填定额编号、名称等。

　　2. 招标文件提供了暂估单价的材料，按暂估的单价填入表"暂估单价"栏及"暂估合价"栏内。

表9-26　综合单价分析表(表-09)

工程名称：某五层办公楼　　　　　　标段：　　　　　　第14页　共67页

项目编码	010507005001	项目名称	压顶	计量单位	m³	工程量	5.45

清单综合单价组成明细

定额编号	定额项目名称	定额单位	数量	单价				合价			
				人工费	材料费	机械费	管理费和利润	人工费	材料费	机械费	管理费和利润
5-53 H8021 0557 80210 559	现浇混凝土扶手、压顶换为【预拌混凝土 C25】	10m³	0.1	1407.12	2691.98		806.11	140.71	269.2		80.61
人工单价		小计						140.71	269.2		80.61
92.43 元/工日		未计价材料费									
清单项目综合单价								490.52			

材料费明细	主要材料名称、规格、型号			单位	数量	单价/元	合价/元	暂估单价/元	暂估合价/元
	其他材料费						6.6		
	材料费小计						6.6		

注：1. 如不使用省级或行业建设主管部门发布的计价依据，可不填定额编号、名称等。

　　2. 招标文件提供了暂估单价的材料，按暂估的单价填入表"暂估单价"栏及"暂估合价"栏内。

表 9-27　综合单价分析表(表-09)

工程名称：某五层办公楼　　　　　　　　标段：　　　　　　　第 15 页　共 67 页

项目编码	010515001001		项目名称	现浇构件钢筋	计量单位	t	工程量	50.382

清单综合单价组成明细

定额编号	定额项目名称	定额单位	数量	单价				合价			
				人工费	材料费	机械费	管理费和利润	人工费	材料费	机械费	管理费和利润
5-89	现浇构件圆钢筋 钢筋 HPB300 直径≤10mm	t	1	845.58	3623.01	21.48	484.62	845.58	3623.01	21.48	484.62
人工单价		小计						845.58	3623.01	21.48	484.62
92.43 元/工日		未计价材料费									
清单项目综合单价								4974.69			

材料费明细	主要材料名称、规格、型号			单位	数量	单价/元	合价/元	暂估单价/元	暂估合价/元
	钢筋 HPB300　φ10 以内			kg	1020	3.5	3570		
	其他材料费						53.01		
	材料费小计						3623.01		

注：1. 如不使用省级或行业建设主管部门发布的计价依据，可不填定额编号、名称等。

　　2. 招标文件提供了暂估单价的材料，按暂估的单价填入表"暂估单价"栏及"暂估合价"栏内。

表 9-28　综合单价分析表(表-09)

工程名称：某五层办公楼　　　　　　　　　　标段：　　　　　　第 16 页　共 67 页

| 项目编码 | 010515001002 | 项目名称 | 现浇构件钢筋 | 计量单位 | t | 工程量 | 27.411 |

清单综合单价组成明细

定额编号	定额项目名称	定额单位	数量	单价				合价			
				人工费	材料费	机械费	管理费和利润	人工费	材料费	机械费	管理费和利润
5-90	现浇构件圆钢筋 钢筋 HPB300 直径≤18mm	t	1	571.22	3388.6	55.71	327.32	571.22	3388.6	55.71	327.32
人工单价		小计						571.22	3388.6	55.71	327.32
92.43 元/工日		未计价材料费									
清单项目综合单价								4342.85			

材料费明细	主要材料名称、规格、型号		单位	数量	单价/元	合价/元	暂估单价/元	暂估合价/元
	钢筋 HPB300 Φ12～Φ18		kg	1025	3.222	3302.55		
	其他材料费					86.05		
	材料费小计					3388.6		

注：1.如不使用省级或行业建设主管部门发布的计价依据，可不填定额编号、名称等。

　　2.招标文件提供了暂估单价的材料，按暂估的单价填入表"暂估单价"栏及"暂估合价"栏内。

表 9-29 综合单价分析表(表-09)

工程名称：某五层办公楼　　　　　　　　　标段：　　　　　　　第 17 页 共 67 页

项目编码	040901001001		项目名称	现浇构件钢筋	计量单位	t	工程量	1

清单综合单价组成明细

定额编号	定额项目名称	定额单位	数量	单价				合价			
				人工费	材料费	机械费	管理费和利润	人工费	材料费	机械费	管理费和利润
5-94	现浇构件带肋钢筋带肋钢筋 HRB400 以内直径 ≤18mm	t	1	605.42	3686.64	61.71	346.92	605.42	3686.64	61.71	346.92
人工单价		小计						605.42	3686.64	61.71	346.92
92.43 元/工日		未计价材料费									
清单项目综合单价								4700.69			

材料费明细	主要材料名称、规格、型号	单位	数量	单价/元	合价/元	暂估单价/元	暂估合价/元
	其他材料费				3686.64		
	材料费小计				3686.64		

注：1. 如不使用省级或行业建设主管部门发布的计价依据，可不填定额编号、名称等。

　　2. 招标文件提供了暂估单价的材料，按暂估的单价填入表"暂估单价"栏及"暂估合价"栏内。

表 9-30　综合单价分析表(表-09)

工程名称：某五层办公楼　　　　　　标段：　　　　　　第 18 页　共 67 页

项目编码	010515001003		项目名称	现浇构件钢筋	计量单位	t	工程量	67.027

<table>
<tr><td colspan="9" align="center">清单综合单价组成明细</td></tr>
<tr><td rowspan="2">定额编号</td><td rowspan="2">定额项目名称</td><td rowspan="2">定额单位</td><td rowspan="2">数量</td><td colspan="4">单价</td><td colspan="4">合价</td></tr>
<tr><td>人工费</td><td>材料费</td><td>机械费</td><td>管理费和利润</td><td>人工费</td><td>材料费</td><td>机械费</td><td>管理费和利润</td></tr>
<tr><td>5-99</td><td>现浇构件带肋钢筋带肋钢筋 HRB400以上直径≤25mm</td><td>t</td><td>1</td><td>434.74</td><td>3579.16</td><td>52.76</td><td>248.93</td><td>434.74</td><td>3579.16</td><td>52.76</td><td>248.93</td></tr>
<tr><td>人工单价</td><td colspan="3">小计</td><td colspan="4"></td><td>434.74</td><td>3579.16</td><td>52.76</td><td>248.93</td></tr>
<tr><td>92.42 元/工日</td><td colspan="3">未计价材料费</td><td colspan="8"></td></tr>
<tr><td colspan="4">清单项目综合单价</td><td colspan="8">4315.59</td></tr>
</table>

材料费明细	主要材料名称、规格、型号	单位	数量	单价/元	合价/元	暂估单价/元	暂估合价/元
	钢筋 HRB400 以上Φ20～Φ25	kg	1025	3.4	3485		
	其他材料费				94.16		
	材料费小计				3579.16		

注：1. 如不使用省级或行业建设主管部门发布的计价依据，可不填定额编号、名称等。

　　2. 招标文件提供了暂估单价的材料，按暂估的单价填入表"暂估单价"栏及"暂估合价"栏内。

表9-31　综合单价分析表(表-09)

工程名称：某五层办公楼　　　　　　　　　标段：　　　　　　　第19页　共67页

项目编码	010516003002	项目名称	电渣压力焊	计量单位	个	工程量	1280

<table>
<tr><td colspan="8" align="center">清单综合单价组成明细</td></tr>
<tr><td rowspan="2">定额编号</td><td rowspan="2">定额项目名称</td><td rowspan="2">定额单位</td><td rowspan="2">数量</td><td colspan="4" align="center">单价</td><td colspan="4" align="center">合价</td></tr>
<tr><td>人工费</td><td>材料费</td><td>机械费</td><td>管理费和利润</td><td>人工费</td><td>材料费</td><td>机械费</td><td>管理费和利润</td></tr>
<tr><td>5-149</td><td>钢筋焊接、机械连接、植筋 电渣压力焊接 ≤ φ32</td><td>10个</td><td>0.1</td><td>28.98</td><td>2.2</td><td>11.07</td><td>16.42</td><td>2.9</td><td>0.22</td><td>1.11</td><td>1.64</td></tr>
<tr><td>人工单价</td><td colspan="3">小计</td><td colspan="4"></td><td>2.9</td><td>0.22</td><td>1.11</td><td>1.64</td></tr>
<tr><td>92.29 元/工日</td><td colspan="3">未计价材料费</td><td colspan="8"></td></tr>
<tr><td colspan="4">清单项目综合单价</td><td colspan="4"></td><td colspan="4">5.87</td></tr>
</table>

<table>
<tr><td rowspan="3">材料费明细</td><td colspan="3">主要材料名称、规格、型号</td><td>单位</td><td>数量</td><td>单价/元</td><td>合价/元</td><td>暂估单价/元</td><td>暂估合价/元</td></tr>
<tr><td colspan="3">其他材料费</td><td></td><td></td><td></td><td>0.22</td><td></td><td></td></tr>
<tr><td colspan="3">材料费小计</td><td></td><td></td><td></td><td>0.22</td><td></td><td></td></tr>
</table>

注：1. 如不使用省级或行业建设主管部门发布的计价依据，可不填定额编号、名称等。

　　2. 招标文件提供了暂估单价的材料，按暂估的单价填入表"暂估单价"栏及"暂估合价"栏内。

表9-32　综合单价分析表(表-09)

工程名称：某五层办公楼　　　　　　　　　　　　　　标段：　　　　　　第20页　共67页

项目编码	010516003001		项目名称	机械连接	计量单位	个	工程量	956

清单综合单价组成明细

定额编号	定额项目名称	定额单位	数量	单价				合价			
				人工费	材料费	机械费	管理费和利润	人工费	材料费	机械费	管理费和利润
5-152	钢筋焊接、机械连接、植筋直螺纹钢筋接头钢筋直径≤16mm	10 个	0.0067	51.16	81.04	3.66	29.13	0.34	0.54	0.02	0.2
5-154	钢筋焊接、机械连接、植筋直螺纹钢筋接头钢筋直径≤25mm	10 个	0.0431	59.82	81.04	4.7	34.43	2.58	3.49	0.2	1.48
5-162	钢筋焊接、机械连接、植筋螺纹钢筋冷挤压接头 ≤φ25	10 个	0.0469	36.81	87.57	3.94	21.19	1.72	4.1	0.18	0.99
5-163	钢筋焊接、机械连接、植筋螺纹钢筋冷挤压接头 ≤φ40	10 个	0.0033	43.12	87.57	5.15	24.89	0.14	0.29	0.02	0.08
人工单价		小计						4.78	8.42	0.43	2.75
92.46 元/工日		未计价材料费									
清单项目综合单价								16.4			

材料费明细	主要材料名称、规格、型号				单位	数量	单价/元	合价/元	暂估单价/元	暂估合价/元
	其他材料费							8.43		
	材料费小计							8.43		

注：1. 如不使用省级或行业建设主管部门发布的计价依据，可不填定额编号、名称等。

　　2. 招标文件提供了暂估单价的材料，按暂估的单价填入表"暂估单价"栏及"暂估合价"栏内。

表 9-33　综合单价分析表(表-09)

工程名称：某五层办公楼　　　　　　　　标段：　　　　　　第 21 页　共 67 页

项目编码	010805005001	项目名称	全玻自由门	计量单位	樘	工程量	56

清单综合单价组成明细

定额编号	定额项目名称	定额单位	数量	单价				合价			
				人工费	材料费	机械费	管理费和利润	人工费	材料费	机械费	管理费和利润
8-58	全玻转门安装直径3.6m、不锈钢柱、玻璃12mm	樘	1	1039.85	82 094.01		353.83	1039.85	82 094.01		353.83
人工单价		小计						1039.85	82 094.01		353.83
92.43 元/工日		未计价材料费									
清单项目综合单价								83 487.69			

材料费明细	主要材料名称、规格、型号				单位	数量	单价/元	合价/元	暂估单价/元	暂估合价/元
	全玻璃转门(含玻璃转轴全套)				樘	1	8 2012	8 2012		
	其他材料费							82.01		
	材料费小计							82 094.01		

注：1. 如不使用省级或行业建设主管部门发布的计价依据，可不填定额编号、名称等。

　　2. 招标文件提供了暂估单价的材料，按暂估的单价填入表"暂估单价"栏及"暂估合价"栏内。

表 9-34　综合单价分析表(表-09)

工程名称：某五层办公楼　　　　　　　标段：　　　　　　第 22 页　共 67 页

项目编码	010801004001		项目名称		木质防火门	计量单位	m²	工程量	36

清单综合单价组成明细

定额编号	定额项目名称	定额单位	数量	单价				合价			
				人工费	材料费	机械费	管理费和利润	人工费	材料费	机械费	管理费和利润
8-6	木质防火门安装	100m²	0.01	2038.09	38 626.07		693.51	20.38	386.26		6.94
人工单价		小计						20.38	386.26		6.94
92.43 元/工日		未计价材料费									
清单项目综合单价								413.58			

材料费明细	主要材料名称、规格、型号	单位	数量	单价/元	合价/元	暂估单价/元	暂估合价/元
	其他材料费				386.26		
	材料费小计				386.26		

注：1. 如不使用省级或行业建设主管部门发布的计价依据，可不填定额编号、名称等。

　　2. 招标文件提供了暂估单价的材料，按暂估的单价填入表"暂估单价"栏及"暂估合价"栏内。

表9-35 综合单价分析表(表-09)

工程名称：某五层办公楼　　　　　　　　　标段：　　　　　　　第 23 页　共 67 页

项目编码	010801001001	项目名称		木质门	计量单位	m²	工程量	18.9

清单综合单价组成明细

定额编号	定额项目名称	定额单位	数量	单价				合价			
				人工费	材料费	机械费	管理费和利润	人工费	材料费	机械费	管理费和利润
8-1	成品木门扇安装	100m²	0.01	1084.28	53 478.09		368.92	10.84	534.78		3.69
人工单价		小计						10.84	534.78		3.69
92.43 元/工日		未计价材料费									
清单项目综合单价								549.31			

材料费明细	主要材料名称、规格、型号				单位	数量	单价/元	合价/元	暂估单价/元	暂估合价/元
	其他材料费							534.71		
	材料费小计							534.71		

注：1. 如不使用省级或行业建设主管部门发布的计价依据，可不填定额编号、名称等。

　　2. 招标文件提供了暂估单价的材料，按暂估的单价填入表"暂估单价"栏及"暂估合价"栏内。

表 9-36　综合单价分析表(表-09)

工程名称：某五层办公楼　　　　　　标段：　　　　　第 24 页　共 67 页

项目编码	010805005002	项目名称	全玻自由门	计量单位	m²	工程量	8.1

清单综合单价组成明细

定额编号	定额项目名称	定额单位	数量	单价				合价			
				人工费	材料费	机械费	管理费和利润	人工费	材料费	机械费	管理费和利润
8-60	不锈钢伸缩门安装	10m²	0.1	554.58	9529.52		188.71	55.46	952.95		18.87
人工单价		小计						55.46	952.95		18.87
92.43 元/工日		未计价材料费									
清单项目综合单价								1027.29			

材料费明细	主要材料名称、规格、型号			单位	数量	单价/元	合价/元	暂估单价/元	暂估合价/元
	其他材料费						952.95		
	材料费小计						952.95		

注：1. 如不使用省级或行业建设主管部门发布的计价依据，可不填定额编号、名称等。

　　2. 招标文件提供了暂估单价的材料，按暂估的单价填入表"暂估单价"栏及"暂估合价"栏内。

表 9-37　综合单价分析表(表-09)

工程名称：某五层办公楼　　　　　　　　标段：　　　　　　　第 25 页　共 67 页

项目编码	010802001001	项目名称	金属(塑钢)门	计量单位	m²	工程量	5.04

<table>
<tr><td colspan="10" align="center">清单综合单价组成明细</td></tr>
<tr>
<td rowspan="2">定额编号</td>
<td rowspan="2">定额项目名称</td>
<td rowspan="2">定额单位</td>
<td rowspan="2">数量</td>
<td colspan="4" align="center">单价</td>
<td colspan="4" align="center">合价</td>
</tr>
<tr>
<td>人工费</td><td>材料费</td><td>机械费</td><td>管理费和利润</td>
<td>人工费</td><td>材料费</td><td>机械费</td><td>管理费和利润</td>
</tr>
<tr>
<td>8-9</td>
<td>塑钢成品门安装推拉</td>
<td>100m²</td>
<td>0.01</td>
<td>1898.79</td><td>24 040.79</td><td></td><td>646.02</td>
<td>18.99</td><td>240.41</td><td></td><td>6.46</td>
</tr>
<tr>
<td colspan="2">人工单价</td>
<td colspan="2">小计</td>
<td></td><td></td><td></td><td></td>
<td>18.99</td><td>240.41</td><td></td><td>6.46</td>
</tr>
<tr>
<td colspan="2">92.43 元/工日</td>
<td colspan="8">未计价材料费</td>
</tr>
<tr>
<td colspan="4">清单项目综合单价</td>
<td colspan="6">265.86</td>
</tr>
<tr>
<td rowspan="4">材料费明细</td>
<td colspan="3">主要材料名称、规格、型号</td>
<td>单位</td>
<td>数量</td>
<td>单价/元</td>
<td>合价/元</td>
<td>暂估单价/元</td>
<td>暂估合价/元</td>
</tr>
<tr>
<td colspan="3">其他材料费</td>
<td></td><td></td><td></td>
<td>240.41</td><td></td><td></td>
</tr>
<tr>
<td colspan="3">材料费小计</td>
<td></td><td></td><td></td>
<td>240.41</td><td></td><td></td>
</tr>
<tr>
<td colspan="3"></td>
<td></td><td></td><td></td><td></td><td></td><td></td>
</tr>
</table>

注：1. 如不使用省级或行业建设主管部门发布的计价依据，可不填定额编号、名称等。

　　2. 招标文件提供了暂估单价的材料，按暂估的单价填入表"暂估单价"栏及"暂估合价"栏内。

表 9-38　综合单价分析表(表-09)

工程名称：某五层办公楼　　　　标段：　　　　　　　第 26 页共 67 页

| 项目编码 | 010807001001 | 项目名称 | 金属塑钢窗 | 计量单位 | m² | 工程量 | 408.6 |

清单综合单价组成明细

定额编号	定额项目名称	定额单位	数量	单价				合价			
				人工费	材料费	机械费	管理费和利润	人工费	材料费	机械费	管理费和利润
8-73	塑钢成品窗安装推拉	100m²	0.01	1374.61	26 609.01		467.68	13.75	266.09		4.68
人工单价		小计						13.75	266.09		4.68
92.43 元/工日		未计价材料费									
清单项目综合单价								284.51			

材料费明细	主要材料名称、规格、型号			单位	数量	单价/元	合价/元	暂估单价/元	暂估合价/元
	塑钢推拉窗(含 5 mm 玻璃)			m²	0.9453	195.17	184.49		
	其他材料费						81.6		
	材料费小计						266.08		

注：1. 如不使用省级或行业建设主管部门发布的计价依据，可不填定额编号、名称等。

　　2. 招标文件提供了暂估单价的材料，按暂估的单价填入表"暂估单价"栏及"暂估合价"栏内。

表 9-39　综合单价分析表(表-09)

工程名称：某五层办公楼　　　　　　　　　标段：　　　　　　　第 27 页　共 67 页

项目编码	010807001003		项目名称	金属塑钢弧形窗	计量单位	樘	工程量	27

清单综合单价组成明细

定额编号	定额项目名称	定额单位	数量	单价				合价			
				人工费	材料费	机械费	管理费和利润	人工费	材料费	机械费	管理费和利润
8-73	塑钢成品窗安装推拉	100m²	0.027	1374.61	26609.01		467.68	37.11	718.44		12.63
人工单价		小计						37.11	718.44		12.63
92.43 元/工日		未计价材料费									
清单项目综合单价								768.17			

材料费明细	主要材料名称、规格、型号	单位	数量	单价/元	合价/元	暂估单价/元	暂估合价/元
	塑钢推拉窗(含 5mm 玻璃)	m²	2.5523	195.17	498.13		
	其他材料费				220.31		
	材料费小计				718.43		

注：1. 如不使用省级或行业建设主管部门发布的计价依据，可不填定额编号、名称等。

　　2. 招标文件提供了暂估单价的材料，按暂估的单价填入表"暂估单价"栏及"暂估合价"栏内。

表 9-40　综合单价分析表(表-09)

工程名称：某五层办公楼　　　　　　　　　标段：　　　　　　第 28 页　共 67 页

项目编码	010902001001		项目名称	屋面卷材防水	计量单位	m²	工程量	727.33

清单综合单价组成明细

定额编号	定额项目名称	定额单位	数量	单价				合价			
				人工费	材料费	机械费	管理费和利润	人工费	材料费	机械费	管理费和利润
9-46	卷材防水耐根穿刺复合铜胎基SBS改性沥青卷材	100m²	0.01	256.04	11 876.67		93.22	2.56	118.77		0.93
11-1 H80010 75180 010127	平面砂浆找平层混凝土或硬基层上20mm 换为【预拌水泥砂浆 1：3 】	100m²	0.01	806.61	450.85	67.12	253.02	8.07	4.51	0.67	2.53
10-11 + 10-12 * -6	屋面水泥炉渣 厚度100mm 实际厚度(mm):40 换为【水泥石灰炉渣 1：1：10】	100m²	0.01	298.23	440.64		99.18	2.98	4.41		0.99
人工单价	小计							13.61	127.69	0.67	4.45
103.59 元/工日	未计价材料费										
清单项目综合单价								146.41			

材料费明细	主要材料名称、规格、型号				单位	数量	单价/元	合价/元	暂估单价/元	暂估合价/元
	复合铜胎基 SBS 改性沥青卷材				m²	1.1564	98.56	113.97		
	其他材料费							9.22		
	材料费小计							123.2		

注：1. 如不使用省级或行业建设主管部门发布的计价依据，可不填定额编号、名称等。

　　2. 招标文件提供了暂估单价的材料，按暂估的单价填入表"暂估单价"栏及"暂估合价"栏内。

表 9-41　综合单价分析表(表-09)

工程名称：某五层办公楼　　　　　　　标段：　　　　　　　第 29 页　共 67 页

项目编码	010904002001	项目名称	楼(地)面涂膜防水	计量单位	m²	工程量	237.73

清单综合单价组成明细

定额编号	定额项目名称	定额单位	数量	单价				合价			
				人工费	材料费	机械费	管理费和利润	人工费	材料费	机械费	管理费和利润
9-71	涂料防水聚氨酯防水涂膜2mm厚平面	100m²	0.01	280.89	3336.36		102.31	2.81	33.36		1.02
人工单价		小计						2.81	33.36		1.02
92.43 元/工日		未计价材料费									
清单项目综合单价								37.2			

材料费明细	主要材料名称、规格、型号			单位	数量	单价/元	合价/元	暂估单价/元	暂估合价/元
	其他材料费						33.36		
	材料费小计						33.36		

注：1. 如不使用省级或行业建设主管部门发布的计价依据，可不填定额编号、名称等。

　　2. 招标文件提供了暂估单价的材料，按暂估的单价填入表"暂估单价"栏及"暂估合价"栏内。

表 9-42　综合单价分析表(表-09)

工程名称：某五层办公楼　　　　　　　标段：　　　　　　第 30 页　共 67 页

项目编码	010902004001	项目名称	屋面排水管	计量单位	m	工程量	19.05

清单综合单价组成明细

定额编号	定额项目名称	定额单位	数量	单价				合价			
				人工费	材料费	机械费	管理费和利润	人工费	材料费	机械费	管理费和利润
9-114	屋面排水塑料管排水水落管 $\phi \leqslant$ 110mm	100m	0.01	361.4	2556.42		131.59	3.61	25.56		1.32
人工单价		小计						3.61	25.56		1.32
92.43 元/工日		未计价材料费									
清单项目综合单价								30.49			

材料费明细	主要材料名称、规格、型号		单位	数量	单价/元	合价/元	暂估单价/元	暂估合价/元
	其他材料费					25.56		
	材料费小计					25.57		

注：1. 如不使用省级或行业建设主管部门发布的计价依据，可不填定额编号、名称等。

　　2. 招标文件提供了暂估单价的材料，按暂估的单价填入表"暂估单价"栏及"暂估合价"栏内。

表 9-43　综合单价分析表(表-09)

工程名称：某五层办公楼　　　　　　　　　　标段：　　　　　　　　第 31 页　共 67 页

项目编码	011001003001	项目名称	保温隔热墙面	计量单位	m²	工程量	2248.43

清单综合单价组成明细

定额编号	定额项目名称	定额单位	数量	单价				合价			
				人工费	材料费	机械费	管理费和利润	人工费	材料费	机械费	管理费和利润
10-78	聚苯乙烯板厚度 50mm	100m²	0.01	1493.58	2599.12		495.99	14.94	25.99		4.96

人工单价		小计						14.94	25.99		4.96
92.43 元/工日		未计价材料费									

清单项目综合单价								45.89			

	主要材料名称、规格、型号					单位	数量	单价/元	合价/元	暂估单价/元	暂估合价/元
材料费明细	聚苯乙烯板					m³	0.051	300	15.3		
	聚合物粘接砂浆					kg	4.6	1.6	7.36		
	其他材料费								3.33		
	材料费小计								25.99		

注：1. 如不使用省级或行业建设主管部门发布的计价依据，可不填定额编号、名称等。

　　2. 招标文件提供了暂估单价的材料，按暂估的单价填入表"暂估单价"栏及"暂估合价"栏内。

表 9-44　综合单价分析表(表-09)

工程名称：某五层办公楼　　　　　　　　标段：　　　　　　第 32 页　共 67 页

项目编码	011001001001	项目名称	保温隔热屋面	计量单位	m²	工程量	727.33

清单综合单价组成明细

定额编号	定额项目名称	定额单位	数量	单价				合价			
				人工费	材料费	机械费	管理费和利润	人工费	材料费	机械费	管理费和利润
10-37换	屋面干铺聚苯乙烯板厚度80mm 换为【硬泡聚氨酯组合料】	100m²	0.01	225.03	5832		74.89	2.25	58.32		0.75
人工单价		小计						2.25	58.32		0.75
92.41 元/工日		未计价材料费									
清单项目综合单价								61.32			

材料费明细	主要材料名称、规格、型号		单位	数量	单价/元	合价/元	暂估单价/元	暂估合价/元
	硬泡聚氨酯组合料		kg	3.24	18	58.32		
	材料费小计					58.32		

注：1. 如不使用省级或行业建设主管部门发布的计价依据，可不填定额编号、名称等。

　　2. 招标文件提供了暂估单价的材料，按暂估的单价填入表"暂估单价"栏及"暂估合价"栏内。

表 9-45　综合单价分析表(表-09)

工程名称：某五层办公楼　　　　　　　　　　标段：　　　　　　　第 33 页　共 67 页

项目编码	011102001001		项目名称	石材地面	计量单位	m²	工程量	131.71

清单综合单价组成明细

定额编号	定额项目名称	定额单位	数量	单价				合价			
				人工费	材料费	机械费	管理费和利润	人工费	材料费	机械费	管理费和利润
11-18 换	块料面层石材楼地面　每块面积 0.64m² 以内　换为【预拌混合砂浆 M5.0】换为【预拌防水水泥砂浆 1:3】换为【素水泥浆】换为【预拌水泥砂浆 1:3】	100m²	0.01	2563.43	14 552.48	67.12	779.02	25.63	145.52	0.67	7.79
11-4 换	细石混凝土地面找平层 30mm　实际厚度(mm): 100　换为【预拌混凝土 C10】	100m²	0.01	2403.56	2022.05	289.24	784.52	24.04	20.22	2.89	7.85
4-72	垫层 灰土	m³	0.15	487.93	508.67	11.22	207.02	73.19	76.3	1.68	31.05
人工单价		小计						122.86	242.04	5.24	46.69
99.76 元/工日		未计价材料费									
清单项目综合单价								416.85			
材料费明细	主要材料名称、规格、型号				单位	数量	单价/元	合价/元	暂估单价/元	暂估合价/元	
	其他材料费							215.11			
	材料费小计							215.12			

注：1. 如不使用省级或行业建设主管部门发布的计价依据，可不填定额编号、名称等。

　　2. 招标文件提供了暂估单价的材料，按暂估的单价填入表"暂估单价"栏及"暂估合价"栏内。

表 9-46　综合单价分析表(表-09)

工程名称：某五层办公楼　　　　　　　标段：　　　　　　　第 34 页共 67 页

项目编码	011102003001		项目名称	块料地面	计量单位	m²	工程量	58.35

清单综合单价组成明细

定额编号	定额项目名称	定额单位	数量	单价				合价			
				人工费	材料费	机械费	管理费和利润	人工费	材料费	机械费	管理费和利润
11-17换	块料面层石材楼地面每块面积 0.36m² 以内 换为【地砖 600mm ×600mm】 换为【素水泥浆】	100m²	0.01	2282.26	6884.73	67.12	694.8	22.82	68.85	0.67	6.95
11-4 H 80210701 802 10555	细石混凝土地面找平层30mm 换为【预拌混凝土C15】	100m²	0.01	1138.29	608.05	86.77	358.22	11.38	6.08	0.87	3.58
9-42	卷材防水 高聚物改性沥青自粘卷材 自粘法一层 平面	100m²	0.01	187.8	4939.55		68.31	1.88	49.4		0.68
11-4换	细石混凝土地面找平层 30mm 实际厚度(mm):35 换为【预拌混凝土 C15】	100m²	0.01	1228.66	709.05	101.23	388.67	12.29	7.09	1.01	3.89
4-72	垫层 灰土	10m³	0.015	487.93	508.67	11.22	207.02	7.32	7.63	0.17	3.11
人工单价		小计						55.69	139.05	2.72	18.21
108.97 元/工日		未计价材料费									
清单项目综合单价								215.65			

材料费明细	主要材料名称、规格、型号				单位	数量	单价/元	合价/元	暂估单价/元	暂估合价/元
	预拌混凝土 C15				m³	0.0657	200	13.14		
	地砖 600mm×600mm				m²	1.02	58	59.16		
	其他材料费							66.26		
	材料费小计							138.56		

注：1. 如不使用省级或行业建设主管部门发布的计价依据，可不填定额编号、名称等。

　　2. 招标文件提供了暂估单价的材料，按暂估的单价填入表"暂估单价"栏及"暂估合价"栏内。

表 9-47　综合单价分析表(表-09)

工程名称：某五层办公楼　　　　　　　　标段：　　　　　　　第 35 页共 67 页

项目编码	011102003002		项目名称	块料地面	计量单位	m²	工程量	531.96

清单综合单价组成明细

定额编号	定额项目名称	定额单位	数量	单价				合价			
				人工费	材料费	机械费	管理费和利润	人工费	材料费	机械费	管理费和利润
11-17 换	块料面层石材楼地面每块面积 0.36m² 以内 换为【地砖 600mm×600mm】 换为【预拌水泥砂浆 1:2】 换为【素水泥浆】	100m²	0.01	2282.26	6474.08	67.12	694.8	22.82	64.74	0.67	6.95
11-4 换	细石混凝土地面找平层 30mm 实际厚度(mm): 50 换为【预拌混凝土 C10】	100m²	0.01	1499.8	1012.05	144.62	480.02	15	10.12	1.45	4.8
4-78 H8 0010731 80050236	垫层毛石灌浆 换为【预拌混合砂浆 M2.5 】	10m³	0.015	735	1331.83	66.58	309.75	11.03	19.98	1	4.65
人工单价		小计						48.85	94.84	3.12	16.4
108.75 元/工日		未计价材料费									
清单项目综合单价								163.2			

材料费明细	主要材料名称、规格、型号		单位	数量	单价/元	合价/元	暂估单价/元	暂估合价/元
	地砖 600mm×600mm		m²	1.02	58	59.16		
	其他材料费					12.07		
	材料费小计					71.23		

注：1. 如不使用省级或行业建设主管部门发布的计价依据，可不填定额编号、名称等。

　　2. 招标文件提供了暂估单价的材料，按暂估的单价填入表"暂估单价"栏及"暂估合价"栏内。

表 9-48　综合单价分析表(表-09)

工程名称：某五层办公楼　　　　　　　　标段：　　　　　　　第 36 页共 67 页

项目编码	011101001001	项目名称	水泥砂浆地面	计量单位	m²	工程量	1

清单综合单价组成明细

定额编号	定额项目名称	定额单位	数量	单价				合价			
				人工费	材料费	机械费	管理费和利润	人工费	材料费	机械费	管理费和利润
11-6 换	水泥砂浆楼地面混凝土或硬基层上 20mm　换为【预拌水泥砂浆 1:2.5】	100m²	0.01	1073.99	467.27	67.12	333.19	10.74	4.67	0.67	3.33
11-4 ＋ 11-5 × 20	细石混凝土地面找平层 30mm　实际厚度(mm):50	100m²	0.01	1499.8	1315.05	144.62	480.02	15	13.15	1.45	4.8
4-78 H8 0010731 800502 36	垫层毛石灌浆换为【预拌混合砂浆 M2.5 】	10m³	0.015	735	1331.83	66.58	309.75	11.03	19.98	1	4.65
人工单价		小计						36.77	37.8	3.12	12.78
107.45 元/工日		未计价材料费									
清单项目综合单价								90.48			

材料费明细	主要材料名称、规格、型号			单位	数量	单价/元	合价/元	暂估单价/元	暂估合价/元
	其他材料费						11.16		
	材料费小计						11.16		

注：1. 如不使用省级或行业建设主管部门发布的计价依据，可不填定额编号、名称等。

　　2. 招标文件提供了暂估单价的材料，按暂估的单价填入表"暂估单价"栏及"暂估合价"栏内。

表 9-49 综合单价分析表(表-09)

工程名称：某五层办公楼　　　　　　　　标段：　　　　　

项目编码	011102003003	项目名称	块料楼面	计量单位	m²	工程量	556.58

清单综合单价组成明细

定额编号	定额项目名称	定额单位	数量	单价				合价			
				人工费	材料费	机械费	管理费和利润	人工费	材料费	机械费	管理费和利润
11-17 换	块料面层石材楼地面每块面积 0.36m² 以内　换为【地砖 600mm×600mm】换为【108 胶素水泥浆】　换为【预拌水泥砂浆 1:3】	100m²	0.01	2282.26	6480.65	67.12	694.8	22.82	64.81	0.67	6.95
人工单价		小计						22.82	64.81	0.67	6.95
112.97 元/工日		未计价材料费									
清单项目综合单价								95.25			

材料费明细	主要材料名称、规格、型号		单位	数量	单价/元	合价/元	暂估单价/元	暂估合价/元
	地砖 600mm×600mm		m²	1.02	58	59.16		
	其他材料费					1.16		
	材料费小计					60.32		

注：1. 如不使用省级或行业建设主管部门发布的计价依据，可不填定额编号、名称等。

2. 招标文件提供了暂估单价的材料，按暂估的单价填入表"暂估单价"栏及"暂估合价"栏内。

表9-50　综合单价分析表(表-09)

工程名称：某五层办公楼　　　　　　标段：　　　　　　第38页共67页

项目编码	011102003004		项目名称	块料楼面	计量单位	m²	工程量	179.38

清单综合单价组成明细

定额编号	定额项目名称	定额单位	数量	单价				合价			
				人工费	材料费	机械费	管理费和利润	人工费	材料费	机械费	管理费和利润
11-17换	块料面层石材楼地面每块面积0.36m²以内换为【预拌水泥砂浆1：2】	100m²	0.01	2282.26	6176.13	67.12	694.8	22.82	61.76	0.67	6.95
9-71＋9-73×-1	涂料防水聚氨酯防水涂膜2mm厚平面 实际厚度(mm)：1.5	100m²	0.01	210.48	2449.45		76.73	2.1	24.49		0.77
11-1换	平面砂浆找平层混凝土或硬基层上20mm 换为【预拌水泥砂浆1：3】	100m²	0.01	806.61	450.85	67.12	253.02	8.07	4.51	0.67	2.53
11-4＋11-5×5	细石混凝土地面找坡层30mm 实际厚度(mm):35 换为【预拌混凝土C15】	100m²	0.01	1228.66	709.05	101.23	388.67	12.29	7.09	1.01	3.89
人工单价	小计							45.28	97.85	2.35	14.14
111.82元/工日	未计价材料费										
清单项目综合单价								159.62			

材料费明细	主要材料名称、规格、型号				单位	数量	单价/元	合价/元	暂估单价/元	暂估合价/元
	预拌混凝土 C15				m³	0.0354	200	7.08		
	其他材料费							81.31		
	材料费小计							88.4		

注：1. 如不使用省级或行业建设主管部门发布的计价依据，可不填定额编号、名称等。

　　2. 招标文件提供了暂估单价的材料，按暂估的单价填入表"暂估单价"栏及"暂估合价"栏内。

表 9-51　综合单价分析表(表-09)

工程名称：某五层办公楼　　　　　　　　　标段：　　　　　　　第 39 页共 67 页

项目编码	011102001002		项目名称	石材楼面	计量单位	m²	工程量	635.98

清单综合单价组成明细

定额编号	定额项目名称	定额单位	数量	单价				合价			
				人工费	材料费	机械费	管理费和利润	人工费	材料费	机械费	管理费和利润
11-18 换	块料面层石材楼地面每块面积0.64m²以内换为【预拌水泥砂浆1:3】换为【垫层石灰炉渣1:4】	100m²	0.01	2563.43	21 369.43	67.12	779.02	25.63	213.69	0.67	7.79
人工单价	小计							25.63	213.69	0.67	7.79
112.97 元/工日	未计价材料费										
清单项目综合单价								247.78			

材料费明细	主要材料名称、规格、型号				单位	数量	单价/元	合价/元	暂估单价/元	暂估合价/元
	天然石材饰面板　800mm×800mm				m²	1.02	200	204		
	其他材料费							2.96		
	材料费小计							206.97		

注：1. 如不使用省级或行业建设主管部门发布的计价依据，可不填定额编号、名称等。

　　2. 招标文件提供了暂估单价的材料，按暂估的单价填入表"暂估单价"栏及"暂估合价"栏内。

表9-52　综合单价分析表(表-09)

工程名称：某五层办公楼　　　　　　　标段：　　　　　　　第40页共67页

项目编码	011101001002	项目名称	水泥砂浆楼面	计量单位	m²	工程量	1515.48

清单综合单价组成明细

定额编号	定额项目名称	定额单位	数量	单价				合价			
				人工费	材料费	机械费	管理费和利润	人工费	材料费	机械费	管理费和利润
11-6换	水泥砂浆楼地面混凝土或硬基层上20mm 换为【水泥砂浆1∶2.5】	100m²	0.01	1073.99	985.73	67.12	333.19	10.74	9.86	0.67	3.33
人工单价	小计							10.74	9.86	0.67	3.33
112.97 元/工日	未计价材料费										
清单项目综合单价								24.61			

材料费明细	主要材料名称、规格、型号				单位	数量	单价/元	合价/元	暂估单价/元	暂估合价/元
	其他材料费							9.86		
	材料费小计							9.86		

注：1. 如不使用省级或行业建设主管部门发布的计价依据，可不填定额编号、名称等。

　　2. 招标文件提供了暂估单价的材料，按暂估的单价填入表"暂估单价"栏及"暂估合价"栏内。

表 9-53　综合单价分析表(表-09)

工程名称：某五层办公楼　　　　　　　标段：　　　　　　　　第 41 页共 67 页

项目编码	011105003001		项目名称	块料踢脚线	计量单位	m²	工程量	49.79

清单综合单价组成明细

定额编号	定额项目名称	定额单位	数量	单价				合价			
				人工费	材料费	机械费	管理费和利润	人工费	材料费	机械费	管理费和利润
11-59 H8001 0811 80010 117	踢脚线陶瓷地面砖换为【预拌水泥砂浆1：2】换为【预拌水泥砂浆1：3】	100m²	0.01	4671.22	1969.83	78.96	1412.25	46.71	19.7	0.79	14.12
人工单价		小计						46.71	19.7	0.79	14.12
112.97 元/工日		未计价材料费									
清单项目综合单价								81.33			

材料费明细	主要材料名称、规格、型号				单位	数量	单价/元	合价/元	暂估单价/元	暂估合价/元
	其他材料费							19.4		
	材料费小计							19.39		

注：1. 如不使用省级或行业建设主管部门发布的计价依据，可不填定额编号、名称等。

　　2. 招标文件提供了暂估单价的材料，按暂估的单价填入表"暂估单价"栏及"暂估合价"栏内。

表9-54　综合单价分析表(表-09)

工程名称：某五层办公楼　　　　　　　　标段：　　　　　　　第42页共67页

项目编码	011105002001	项目名称		石材踢脚线	计量单位	m²	工程量	106.91

清单综合单价组成明细											
定额编号	定额项目名称	定额单位	数量	单价				合价			
				人工费	材料费	机械费	管理费和利润	人工费	材料费	机械费	管理费和利润
11-58换	踢脚线石材水泥砂浆换为【水泥砂浆1：2】	100m²	0.01	4322.72	16735.52	78.96	1307.73	43.23	167.36	0.79	13.08
人工单价		小计						43.23	167.36	0.79	13.08
112.97元/工日		未计价材料费									
清单项目综合单价								224.45			

材料费明细	主要材料名称、规格、型号	单位	数量	单价/元	合价/元	暂估单价/元	暂估合价/元
	其他材料费				167.35		
	材料费小计				167.34		

注：1. 如不使用省级或行业建设主管部门发布的计价依据，可不填定额编号、名称等。

2. 招标文件提供了暂估单价的材料，按暂估的单价填入表"暂估单价"栏及"暂估合价"栏内。

表 9-55　综合单价分析表(表-09)

工程名称：某五层办公楼　　　　　　　　标段：　　　　　　第 43 页　共 67 页

项目编码	011105001001	项目名称	水泥砂浆踢脚线	计量单位	m²	工程量	116.35

清单综合单价组成明细

定额编号	定额项目名称	定额单位	数量	单价				合价			
				人工费	材料费	机械费	管理费和利润	人工费	材料费	机械费	管理费和利润
11-57 H8001 0543 80010 122	踢脚线水泥砂浆换为【预拌水泥砂浆 1：2.5】换为【预拌水泥砂浆 1：3】	100m²	0.01	3610.85	44.72	83.9	1095.64	36.11	0.45	0.84	10.96
人工单价		小计						36.11	0.45	0.84	10.96
112.97 元/工日		未计价材料费									
清单项目综合单价								48.36			

材料费明细	主要材料名称、规格、型号		单位	数量	单价/元	合价/元	暂估单价/元	暂估合价/元
	其他材料费					0.17		
	材料费小计					0.17		

注：1. 如不使用省级或行业建设主管部门发布的计价依据，可不填定额编号、名称等。

　　2. 招标文件提供了暂估单价的材料，按暂估的单价填入表"暂估单价"栏及"暂估合价"栏内。

表9-56　综合单价分析表(表-09)

工程名称：某五层办公楼　　　　　　　标段：　　　　　　第44页共67页

项目编码	011209002001		项目名称	全玻(无框玻璃)幕墙	计量单位	m²	工程量	1

清单综合单价组成明细

定额编号	定额项目名称	定额单位	数量	单价				合价			
				人工费	材料费	机械费	管理费和利润	人工费	材料费	机械费	管理费和利润
12-211	玻璃幕墙半隐框	100m²	0.01	11 826.55	43 825.57	361.11	4507.5	118.27	438.26	3.61	45.08
人工单价		小计						118.27	438.26	3.61	45.08
112.97 元/工日		未计价材料费									
清单项目综合单价								605.22			

材料费明细	主要材料名称、规格、型号				单位	数量	单价/元	合价/元	暂估单价/元	暂估合价/元
	其他材料费							438.26		
	材料费小计							438.26		

注：1. 如不使用省级或行业建设主管部门发布的计价依据，可不填定额编号、名称等。

2. 招标文件提供了暂估单价的材料，按暂估的单价填入表"暂估单价"栏及"暂估合价"栏内。

表 9-57　综合单价分析表(表-09)

工程名称：某五层办公楼　　　　　　　　标段：　　　　　　　　第 45 页共 67 页

项目编码	011201001001		项目名称	墙面一般抹灰	计量单位	m²	工程量	1

清单综合单价组成明细

定额编号	定额项目名称	定额单位	数量	单价				合价			
				人工费	材料费	机械费	管理费和利润	人工费	材料费	机械费	管理费和利润
12-2 H8001 0543 80010 122	墙面抹灰一般抹灰外墙(12+6)mm 换为【预拌水泥砂浆 1：2.5】换为【预拌水泥砂浆 1：3】	100m²	0.01	2090.97	45.68	76.2	813.75	20.91	0.46	0.76	8.14
人工单价		小计						20.91	0.46	0.76	8.14
112.97 元/工日		未计价材料费									
清单项目综合单价								30.27			

材料费明细	主要材料名称、规格、型号		单位	数量	单价/元	合价/元	暂估单价/元	暂估合价/元
	其他材料费					0.05		
	材料费小计					0.05		

注：1. 如不使用省级或行业建设主管部门发布的计价依据，可不填定额编号、名称等。

　　2. 招标文件提供了暂估单价的材料，按暂估的单价填入表"暂估单价"栏及"暂估合价"栏内。

表9-58 综合单价分析表(表-09)

工程名称:某五层办公楼　　　　　　　标段:　　　　　　　第46页共67页

项目编码	011407001001	项目名称	墙面喷刷涂料	计量单位	m²	工程量	1568.23

<table>
<tr><th colspan="8">清单综合单价组成明细</th></tr>
<tr><td rowspan="2">定额编号</td><td rowspan="2">定额项目名称</td><td rowspan="2">定额单位</td><td rowspan="2">数量</td><td colspan="4">单价</td><td colspan="4">合价</td></tr>
</table>

定额编号	定额项目名称	定额单位	数量	人工费	材料费	机械费	管理费和利润	人工费	材料费	机械费	管理费和利润
14-222	外墙HJ80-1型涂料墙面两遍	100m²	0.01	922.54	1976.5		319.05	9.23	19.77		3.19
12-2 H8001 0543 80010 122	墙面抹灰 一般抹灰外墙(12+6)mm 换为【预拌水泥砂浆1:2.5】换为【预拌水泥砂浆1:3】	100m²	0.01	2090.97	45.68	76.2	813.75	20.91	0.46	0.76	8.14
10-78	聚苯乙烯板 厚度50mm	100m²	0.01	1493.58	2599.12		495.99	14.94	25.99		4.96
12-22	墙面抹灰 装饰抹灰打底墙面界面剂	100m²	0.01	122.07	29.08	3.75	47.36	1.22	0.29	0.04	0.47
人工单价		小计						46.3	46.51	0.8	16.76
105.41 元/工日		未计价材料费									
清单项目综合单价								110.35			

<table>
<tr><td rowspan="6">材料费明细</td><td>主要材料名称、规格、型号</td><td>单位</td><td>数量</td><td>单价/元</td><td>合价/元</td><td>暂估单价/元</td><td>暂估合价/元</td></tr>
<tr><td>高级丙烯酸外墙涂料 无光</td><td>kg</td><td>0.936</td><td>19.35</td><td>18.11</td><td></td><td></td></tr>
<tr><td>聚苯乙烯板</td><td>m³</td><td>0.051</td><td>300</td><td>15.3</td><td></td><td></td></tr>
<tr><td>聚合物粘接砂浆</td><td>kg</td><td>4.6</td><td>1.6</td><td>7.36</td><td></td><td></td></tr>
<tr><td>其他材料费</td><td></td><td></td><td></td><td>5.13</td><td></td><td></td></tr>
<tr><td>材料费小计</td><td></td><td></td><td></td><td>45.9</td><td></td><td></td></tr>
</table>

注:1. 如不使用省级或行业建设主管部门发布的计价依据,可不填定额编号、名称等。

　　2. 招标文件提供了暂估单价的材料,按暂估的单价填入表"暂估单价"栏及"暂估合价"栏内。

表 9-59　综合单价分析表(表-09)

工程名称：某五层办公楼　　　　　　　标段：　　　　　　　第 47 页共 67 页

项目编码	011204001001		项目名称		石材墙面	计量单位	m²	工程量	536.87

清单综合单价组成明细

定额编号	定额项目名称	定额单位	数量	单价				合价			
				人工费	材料费	机械费	管理费和利润	人工费	材料费	机械费	管理费和利润
12-37 换	墙面块料面层挂钩式干挂石材 1.0m² 以下密缝 换为【天然石材饰面板 800mm×800mm】	100m²	0.01	5289.6	25 141.08		2015.87	52.9	251.41		20.16
10-78 换	聚苯乙烯板 厚度 35mm	100m²	0.01	1493.58	2149.12		495.99	14.94	21.49		4.96
人工单价		小计						67.84	272.9		25.12
107.7 元/工日		未计价材料费									
清单项目综合单价								365.85			

材料费明细	主要材料名称、规格、型号		单位	数量	单价/元	合价/元	暂估单价/元	暂估合价/元
	天然石材饰面板 800mm×800mm		m²	1.02	200	204		
	聚苯乙烯板		m³	0.036	300	10.8		
	聚合物粘接砂浆		kg	4.6	1.6	7.36		
	其他材料费					50.74		
	材料费小计					272.9		

注：1. 如不使用省级或行业建设主管部门发布的计价依据，可不填定额编号、名称等。

　　2. 招标文件提供了暂估单价的材料，按暂估的单价填入表"暂估单价"栏及"暂估合价"栏内。

表9-60　综合单价分析表(表-09)

工程名称：某五层办公楼　　　　　　　　　标段：　　　　　　　

项目编码	011204003001		项目名称		块料墙面	计量单位	m²	工程量	54.67

清单综合单价组成明细

定额编号	定额项目名称	定额单位	数量	单价				合价			
				人工费	材料费	机械费	管理费和利润	人工费	材料费	机械费	管理费和利润
12-53换	墙面块料面层 面砖每块面积 0.01m² 以内预拌砂浆(干混)面砖灰缝5mm	100m²	0.01	4802.27	1900.3	73.24	1846.23	48.02	19	0.73	18.46
10-78	聚苯乙烯板厚度50mm	100m²	0.01	1493.58	2599.12		495.99	14.94	25.99		4.96
12-22	墙面抹灰 装饰抹灰 打底 墙面界面剂	100m²	0.01	122.07	29.08	3.75	47.36	1.22	0.29	0.04	0.47
人工单价	小计							64.18	45.28	0.77	23.89
107.41 元/工日	未计价材料费										
清单项目综合单价								134.12			

材料费明细	主要材料名称、规格、型号	单位	数量	单价/元	合价/元	暂估单价/元	暂估合价/元
	聚苯乙烯板	m³	0.051	300	15.3		
	聚合物粘接砂浆	kg	4.6	1.6	7.36		
	其他材料费				22.31		
	材料费小计				44.98		

注：1. 如不使用省级或行业建设主管部门发布的计价依据，可不填定额编号、名称等。

　　2. 招标文件提供了暂估单价的材料，按暂估的单价填入表"暂估单价"栏及"暂估合价"栏内。

表9-61 综合单价分析表(表-09)

工程名称：某五层办公楼　　　　　　　　　　标段：　　　　　　　　第49页共67页

项目编码	011201001002	项目名称	墙面一般抹灰	计量单位	m²	工程量	5914.86

清单综合单价组成明细

定额编号	定额项目名称	定额单位	数量	单价				合价			
				人工费	材料费	机械费	管理费和利润	人工费	材料费	机械费	管理费和利润
14-213	内墙涂料墙面两遍	100m²	0.01	833.42	610.41		288.2	8.33	6.1		2.88
9-91 + 9-92 * -1	刚性防水水泥砂浆二次抹压厚20mm 实际厚度(mm)：14 换为【预拌水泥砂浆1：2.5】	100m²	0.01	694.58	89.7	29.21	259.12	6.95	0.9	0.29	2.59
人工单价	小计							15.28	7	0.29	5.47
102.61 元/工日	未计价材料费										
清单项目综合单价								28.04			

材料费明细	主要材料名称、规格、型号			单位	数量	单价/元	合价/元	暂估单价/元	暂估合价/元
	108 内墙涂料			kg	0.3811	12	4.57		
	其他材料费						2.11		
	材料费小计						6.68		

注：1. 如不使用省级或行业建设主管部门发布的计价依据，可不填定额编号、名称等。

　　2. 招标文件提供了暂估单价的材料，按暂估的单价填入表"暂估单价"栏及"暂估合价"栏内。

表9-62 综合单价分析表(表-09)

工程名称：某五层办公楼 标段： 第50页共67页

| 项目编码 | 011204001002 | 项目名称 | 石材墙面 | 计量单位 | m² | 工程量 | 750.1 |

清单综合单价组成明细

定额编号	定额项目名称	定额单位	数量	单价				合价			
				人工费	材料费	机械费	管理费和利润	人工费	材料费	机械费	管理费和利润
12-61换	墙面块料面层面砖预拌砂浆(干混)每块面积≤0.06m² 换为【预拌水泥砂浆1:3】换为【天然石材饰面板600mm×600mm】	100m²	0.01	4177.42	16716.62	71.26	1607.7	41.77	167.17	0.71	16.08
人工单价		小计						41.77	167.17	0.71	16.08
112.97元/工日		未计价材料费									
清单项目综合单价								225.72			

材料费明细	主要材料名称、规格、型号			单位	数量	单价/元	合价/元	暂估单价/元	暂估合价/元
	天然石材饰面板 600mm×600mm			m²	1.04	160	166.4		
	其他材料费						0.45		
	材料费小计						166.85		

注：1. 如不使用省级或行业建设主管部门发布的计价依据，可不填定额编号、名称等。

2. 招标文件提供了暂估单价的材料，按暂估的单价填入表"暂估单价"栏及"暂估合价"栏内。

表 9-63 综合单价分析表(表-09)

工程名称：某五层办公楼　　　　　　　标段：　　　　　　　第 51 页共 67 页

项目编码	011204001003		项目名称	石材墙裙	计量单位	m²	工程量	23.76

清单综合单价组成明细

定额编号	定额项目名称	定额单位	数量	单价				合价			
				人工费	材料费	机械费	管理费和利润	人工费	材料费	机械费	管理费和利润
12-37换	墙面块料面层挂钩式干挂石材 1.2m² 以下密缝换为【石材 1200mm×1200mm】	100m²	0.01	5289.6	21061.08		2015.87	52.9	210.61		20.16
14-235换	普通水泥浆 墙面三遍 换为【素水泥浆】	100m²	0.01	183.56	54.01		63.66	1.84	0.54		0.64
人工单价		小计						54.74	211.15		20.8
112.97 元/工日		未计价材料费									
清单项目综合单价								286.68			

材料费明细	主要材料名称、规格、型号			单位	数量	单价/元	合价/元	暂估单价/元	暂估合价/元
	其他材料费						211.14		
	材料费小计						211.13		

注：1. 如不使用省级或行业建设主管部门发布的计价依据，可不填定额编号、名称等。

　　2. 招标文件提供了暂估单价的材料，按暂估的单价填入表"暂估单价"栏及"暂估合价"栏内。

表 9-64　综合单价分析表(表-09)

工程名称：某五层办公楼　　　　　　　　标段：　　　　　　　第 52 页共 67 页

项目编码	011302001001	项目名称	吊顶 1	计量单位	m²	工程量	1118.64

清单综合单价组成明细

定额编号	定额项目名称	定额单位	数量	单价				合价			
				人工费	材料费	机械费	管理费和利润	人工费	材料费	机械费	管理费和利润
借 3-20	天棚 U 型轻钢龙骨架 (不上人) 面层规格 (mm) 600 × 600 以内平面	100m²	0.01		2077.8		720.57		20.78		7.21
借 3-53	天棚面层 铝板网 搁在龙骨上	100m²	0.01		1590.84		409.55		15.91		4.1
人工单价		小计							36.69		11.31
0 元 / 工日		未计价材料费									
清单项目综合单价								47.99			

材料费明细	主要材料名称、规格、型号			单位	数量	单价/元	合价/元	暂估单价/元	暂估合价/元
	其他材料费						36.69		
	材料费小计						36.7		

注：1. 如不使用省级或行业建设主管部门发布的计价依据，可不填定额编号、名称等。

　　2. 招标文件提供了暂估单价的材料，按暂估的单价填入表"暂估单价"栏及"暂估合价"栏内。

表 9-65　综合单价分析表(表-09)

工程名称：某五层办公楼　　　　　　　　标段：　　　　　　第 53 页共 67 页

项目编码	011302001002	项目名称	吊顶2	计量单位	m²	工程量	191.08

清单综合单价组成明细

定额编号	定额项目名称	定额单位	数量	单价				合价			
				人工费	材料费	机械费	管理费和利润	人工费	材料费	机械费	管理费和利润
13-46	装配式T形铝合金天棚龙骨(不上人型) 规格300mm×300mm平面	100m²	0.01	1174.59	3431.4		507.71	11.75	34.31		5.08
13-113	吸音板天棚 矿棉吸音板	100m²	0.01	980.2	6300		423.74	9.8	63		4.24
人工单价		小计						21.55	97.31		9.32
112.97 元/工日		未计价材料费									
清单项目综合单价								128.18			

材料费明细	主要材料名称、规格、型号				单位	数量	单价/元	合价/元	暂估单价/元	暂估合价/元
	其他材料费							97.31		
	材料费小计							97.31		

注：1. 如不使用省级或行业建设主管部门发布的计价依据，可不填定额编号、名称等。

2. 招标文件提供了暂估单价的材料，按暂估的单价填入表"暂估单价"栏及"暂估合价"栏内。

表 9-66　综合单价分析表(表-09)

工程名称：某五层办公楼　　　　　　　标段：　　　　　　　第 54 页共 67 页

项目编码	011302001003	项目名称	天棚	计量单位	m²	工程量	2611.57

清单综合单价组成明细

定额编号	定额项目名称	定额单位	数量	单价				合价			
				人工费	材料费	机械费	管理费和利润	人工费	材料费	机械费	管理费和利润
14-218换	仿瓷涂料天棚面三遍换为【水泥砂浆1：2.5】	100m²	0.01	1341.54	321.38		463.93	13.42	3.21		4.64
人工单价		小计						13.42	3.21		4.64
112.97 元/工日		未计价材料费									
清单项目综合单价								21.27			

材料费明细	主要材料名称、规格、型号				单位	数量	单价/元	合价/元	暂估单价/元	暂估合价/元
	其他材料费							3.21		
	材料费小计							3.21		

注：1. 如不使用省级或行业建设主管部门发布的计价依据，可不填定额编号、名称等。

　　2. 招标文件提供了暂估单价的材料，按暂估的单价填入表"暂估单价"栏及"暂估合价"栏内。

表 9-67　综合单价分析表(表-09)

工程名称：某五层办公楼　　　　　　　标段：　　　　　　第 55 页共 67 页

项目编码	011405001001	项目名称		金属面油漆	计量单位	m²	工程量	1

清单综合单价组成明细

定额编号	定额项目名称	定额单位	数量	单价				合价			
				人工费	材料费	机械费	管理费和利润	人工费	材料费	机械费	管理费和利润
14-171	金属面红丹防锈漆一遍	100m²	0.01	233.03	205.8		80.45	2.33	2.06		0.8
14-172	金属面耐酸漆两遍	100m²	0.01	408.71	260.66		141.36	4.09	2.61		1.41
人工单价		小计						6.42	4.67		2.21
113.01 元/工日		未计价材料费									
清单项目综合单价								13.31			

材料费明细	主要材料名称、规格、型号	单位	数量	单价/元	合价/元	暂估单价/元	暂估合价/元
	其他材料费				4.66		
	材料费小计				4.66		

注：1. 如不使用省级或行业建设主管部门发布的计价依据，可不填定额编号、名称等。

　　2. 招标文件提供了暂估单价的材料，按暂估的单价填入表"暂估单价"栏及"暂估合价"栏内。

表 9-68　综合单价分析表(表-09)

工程名称：某五层办公楼　　　　　　　　标段：　　　　　　　　第 56 页共 67 页

项目编码	011404007001		项目名称	其他木材面	计量单位	m²	工程量	1

清单综合单价组成明细

定额编号	定额项目名称	定额单位	数量	单价				合价			
				人工费	材料费	机械费	管理费和利润	人工费	材料费	机械费	管理费和利润
14-97	其他木材面刷底油调和漆两遍	100m²	0.01	1118.47	525.01		386.61	11.18	5.25		3.87
人工单价		小计						11.18	5.25		3.87
112.92 元/工日		未计价材料费									
清单项目综合单价								20.3			

材料费明细	主要材料名称、规格、型号			单位	数量	单价/元	合价/元	暂估单价/元	暂估合价/元
	其他材料费						5.25		
	材料费小计						5.26		

注：1. 如不使用省级或行业建设主管部门发布的计价依据，可不填定额编号、名称等。

　　2. 招标文件提供了暂估单价的材料，按暂估的单价填入表"暂估单价"栏及"暂估合价"栏内。

表 9-69　综合单价分析表(表-09)

工程名称：某五层办公楼　　　　　　　　　标段：　　　　　　第 57 页共 67 页

项目编码	011701001001	项目名称		综合脚手架	计量单位	m²	工程量	4059.99

清单综合单价组成明细

定额编号	定额项目名称	定额单位	数量	单价				合价			
				人工费	材料费	机械费	管理费和利润	人工费	材料费	机械费	管理费和利润
17-7	多层建筑综合脚手架混合结构檐高 20m 以内	100m²	0.01	718.61	586.09	112.76	372.47	7.19	5.86	1.13	3.72
人工单价		小计						7.19	5.86	1.13	3.72
92.43 元/工日		未计价材料费									
清单项目综合单价								17.91			

材料费明细	主要材料名称、规格、型号		单位	数量	单价/元	合价/元	暂估单价/元	暂估合价/元
	其他材料费					5.98		
	材料费小计					5.98		

注：1. 如不使用省级或行业建设主管部门发布的计价依据，可不填定额编号、名称等。

　　2. 招标文件提供了暂估单价的材料，按暂估的单价填入表"暂估单价"栏及"暂估合价"栏内。

表9-70　综合单价分析表(表-09)

工程名称：某五层办公楼　　　　　　　标段：　　　　　　　第58页共67页

项目编码	011702001001	项目名称	基础	计量单位	m²	工程量	532.02

清单综合单价组成明细

定额编号	定额项目名称	定额单位	数量	单价				合价			
				人工费	材料费	机械费	管理费和利润	人工费	材料费	机械费	管理费和利润
5-197	现浇混凝土模板满堂基础有梁式组合钢模板木支撑	100m²	0.01	1460.57	1592.66	0.45	836.83	14.61	15.93		8.37
人工单价		小计						14.61	15.93		8.37
92.43 元/工日		未计价材料费									
清单项目综合单价								38.91			

材料费明细	主要材料名称、规格、型号		单位	数量	单价/元	合价/元	暂估单价/元	暂估合价/元
	板方材		m³	0.0003	2100	0.63		
	木支撑		m³	0.004	1800	7.2		
	其他材料费					6.6		
	材料费小计					14.44		

注：1. 如不使用省级或行业建设主管部门发布的计价依据，可不填定额编号、名称等。

　　2. 招标文件提供了暂估单价的材料，按暂估的单价填入表"暂估单价"栏及"暂估合价"栏内。

表 9-71　综合单价分析表(表-09)

工程名称：某五层办公楼　　　　　　　　　　标段：　　　　　　　　第 59 页共 67 页

项目编码	011702002001	项目名称		矩形柱	计量单位	m²	工程量	707.4

清单综合单价组成明细

定额编号	定额项目名称	定额单位	数量	单价				合价			
				人工费	材料费	机械费	管理费和利润	人工费	材料费	机械费	管理费和利润
5-220	现浇混凝土模板矩形柱复合模板钢支撑	100m²	0.01	1981.39	2726.08	1.38	1135.54	19.81	27.26	0.01	11.36
人工单价		小计						19.81	27.26	0.01	11.36
92.43 元/工日		未计价材料费									
清单项目综合单价								58.44			

材料费明细	主要材料名称、规格、型号			单位	数量	单价/元	合价/元	暂估单价/元	暂估合价/元
	板方材			m³	0.0037	2100	7.77		
	木支撑			m³	0.0018	1800	3.24		
	复合模板			m²	0.2468	37.12	9.16		
	其他材料费						7.01		
	材料费小计						27.18		

注：1. 如不使用省级或行业建设主管部门发布的计价依据，可不填定额编号、名称等。

　　2. 招标文件提供了暂估单价的材料，按暂估的单价填入表"暂估单价"栏及"暂估合价"栏内。

表 9-72　综合单价分析表(表-09)

工程名称：某五层办公楼　　　　　　　　标段：　　　　　　第 60 页共 67 页

项目编码	011702002002	项目名称	矩形柱	计量单位	m²	工程量	197.83

清单综合单价组成明细

定额编号	定额项目名称	定额单位	数量	单价				合价			
				人工费	材料费	机械费	管理费和利润	人工费	材料费	机械费	管理费和利润
5-219	现浇混凝土模板 矩形柱 组合钢模板 钢支撑 实际高度(m):4.2	100m²	0.01	2360.01	1415.53	1.38	1352.17	23.6	14.16	0.01	13.52
人工单价		小计						23.6	14.16	0.01	13.52
92.43 元/工日		未计价材料费									
清单项目综合单价								51.29			

材料费明细	主要材料名称、规格、型号	单位	数量	单价/元	合价/元	暂估单价/元	暂估合价/元
	板方材	m³	0.0007	2100	1.47		
	木支撑	m³	0.002	1800	3.6		
	其他材料费				9.12		
	材料费小计				14.19		

注：1. 如不使用省级或行业建设主管部门发布的计价依据，可不填定额编号、名称等。

　　2. 招标文件提供了暂估单价的材料，按暂估的单价填入表"暂估单价"栏及"暂估合价"栏内。

表 9-73　综合单价分析表(表-09)

工程名称：某五层办公楼　　　　　　　　标段：　　　　　　　第 61 页共 67 页

项目编码	011702003001	项目名称	构造柱	计量单位	m²	工程量	20.36

清单综合单价组成明细

定额编号	定额项目名称	定额单位	数量	单价				合价			
				人工费	材料费	机械费	管理费和利润	人工费	材料费	机械费	管理费和利润
5-222	现浇混凝土模板 构造柱 复合模板 钢支撑	100m²	0.01	1426.81	2323.02	1.38	817.76	14.27	23.23	0.01	8.18
人工单价		小计						14.27	23.23	0.01	8.18
92.43 元/工日		未计价材料费									
清单项目综合单价								45.69			

材料费明细	主要材料名称、规格、型号	单位	数量	单价/元	合价/元	暂估单价/元	暂估合价/元
	板方材	m³	0.0039	2100	8.19		
	木支撑	m³	0.0018	1800	3.24		
	复合模板	m²	0.2468	37.12	9.16		
	其他材料费				2.69		
	材料费小计				23.28		

注：1. 如不使用省级或行业建设主管部门发布的计价依据，可不填定额编号、名称等。

　　2. 招标文件提供了暂估单价的材料，按暂估的单价填入表"暂估单价"栏及"暂估合价"栏内。

表 9-74　综合单价分析表(表-09)

工程名称：某五层办公楼　　　　　　　　　标段：　　　　　第 62 页共 67 页

项目编码	011702003002		项目名称	构造柱	计量单位	m²	工程量	5.61

清单综合单价组成明细

定额编号	定额项目名称	定额单位	数量	单价				合价			
				人工费	材料费	机械费	管理费和利润	人工费	材料费	机械费	管理费和利润
5-222	现浇混凝土模板 构造柱 复合模板 钢支撑 实际高度(m):4.2	100m²	0.00178253-11942959	1681.25	2376.17	1.38	963.41	3	4.24		1.72
人工单价		小计						3	4.24		1.72
92.42 元/工日		未计价材料费									
清单项目综合单价								8.96			

材料费明细	主要材料名称、规格、型号	单位	数量	单价/元	合价/元	暂估单价/元	暂估合价/元
	板方材	m³	0.0007	2100	1.47		
	木支撑	m³	0.0004	1800	0.72		
	复合模板	m²	0.044	37.12	1.63		
	其他材料费				0.51		
	材料费小计				4.33		

注：1. 如不使用省级或行业建设主管部门发布的计价依据，可不填定额编号、名称等。

　　2. 招标文件提供了暂估单价的材料，按暂估的单价填入表"暂估单价"栏及"暂估合价"栏内。

表 9-75　综合单价分析表(表-09)

工程名称：某五层办公楼　　　　　　　　标段：　　　　　　　第 63 页共 67 页

项目编码	011702014001		项目名称		有梁板	计量单位	m²	工程量	5663.41

清单综合单价组成明细

定额编号	定额项目名称	定额单位	数量	单价				合价			
				人工费	材料费	机械费	管理费和利润	人工费	材料费	机械费	管理费和利润
5-256	现浇混凝土模板有梁板复合模板钢支撑	100m²	0.01	1939.36	2569.78	0.93	1111.18	19.39	25.7	0.01	11.11
人工单价		小计						19.39	25.7	0.01	11.11
92.43 元/工日		未计价材料费									
清单项目综合单价								56.22			

材料费明细	主要材料名称、规格、型号	单位	数量	单价/元	合价/元	暂估单价/元	暂估合价/元
	板方材	m³	0.0045	2100	9.45		
	木支撑	m³	0.0019	1800	3.42		
	复合模板	m²	0.2468	37.12	9.16		
	其他材料费				3.58		
	材料费小计				25.61		

注：1. 如不使用省级或行业建设主管部门发布的计价依据，可不填定额编号、名称等。

　　2. 招标文件提供了暂估单价的材料，按暂估的单价填入表"暂估单价"栏及"暂估合价"栏内。

表9-76 综合单价分析表(表-09)

工程名称：某五层办公楼　　　　　　　　　　标段：　　　　　　　　第64页共67页

项目编码	011702024001	项目名称	楼梯	计量单位	m²	工程量	1

清单综合单价组成明细

定额编号	定额项目名称	定额单位	数量	单价 人工费	材料费	机械费	管理费和利润	合价 人工费	材料费	机械费	管理费和利润
5-279	现浇混凝土模板楼梯直形复合模板钢支撑	100m² 水平投影面积		5999.74	4401.92	1.25	3437.89				

人工单价		小计				
元/工日		未计价材料费				
清单项目综合单价						

材料费明细	主要材料名称、规格、型号	单位	数量	单价/元	合价/元	暂估单价/元	暂估合价/元
	板方材	m³		2100			
	复合模板	m²		37.12			
	其他材料费				0.00		
	材料费小计						

注：1. 如不使用省级或行业建设主管部门发布的计价依据，可不填定额编号、名称等。

2. 招标文件提供了暂估单价的材料，按暂估的单价填入表"暂估单价"栏及"暂估合价"栏内。

表 9-77 综合单价分析表(表-09)

工程名称：某五层办公楼　　　　　　　　　标段：　　　　　　　　第 65 页共 67 页

| 项目编码 | 011703001001 | 项目名称 | 垂直运输 | 计量单位 | m² | 工程量 | 4059.99 |

清单综合单价组成明细

定额编号	定额项目名称	定额单位	数量	单价				合价			
				人工费	材料费	机械费	管理费和利润	人工费	材料费	机械费	管理费和利润
17-76	垂直运输 20m (6 层)以内卷扬机施工现浇框架Ⅰ类地区单价×0.95	100m²	0.01			1591.53	476.5			15.92	4.77
人工单价		小计								15.92	4.77
0 元/工日		未计价材料费									
清单项目综合单价								20.68			

材料费明细	主要材料名称、规格、型号		单位	数量	单价/元	合价/元	暂估单价/元	暂估合价/元

注: 1. 如不使用省级或行业建设主管部门发布的计价依据,可不填定额编号、名称等。

　　2. 招标文件提供了暂估单价的材料,按暂估的单价填入表"暂估单价"栏及"暂估合价"栏内。

表 9-78　综合单价分析表(表-09)

工程名称：某五层办公楼　　　　　　　　　　标段：　　　　　　　第 66 页共 67 页

项目编码	011705001001	项目名称	大型机械设备进出场及安拆	计量单位	台·次	工程量	1

清单综合单价组成明细

定额编号	定额项目名称	定额单位	数量	单价				合价			
				人工费	材料费	机械费	管理费和利润	人工费	材料费	机械费	管理费和利润
0 元/工日		未计价材料费									
清单项目综合单价											
材料费明细	主要材料名称、规格、型号					单位	数量	单价/元	合价/元	暂估单价/元	暂估合价/元

注：1. 如不使用省级或行业建设主管部门发布的计价依据，可不填定额编号、名称等。

　　2. 招标文件提供了暂估单价的材料，按暂估的单价填入表"暂估单价"栏及"暂估合价"栏内。

表 9-79　综合单价分析表(表-09)

工程名称：某五层办公楼　　　　　　　　　　标段：　　　　　　　第 67 页共 67 页

项目编码	011707001001	项目名称	安全文明施工	计量单位	项	工程量	1

清单综合单价组成明细

定额编号	定额项目名称	定额单位	数量	单价				合价			
				人工费	材料费	机械费	管理费和利润	人工费	材料费	机械费	管理费和利润
元/工日		未计价材料费									
清单项目综合单价											
材料费明细	主要材料名称、规格、型号					单位	数量	单价/元	合价/元	暂估单价/元	暂估合价/元

注：1. 如不使用省级或行业建设主管部门发布的计价依据，可不填定额编号、名称等。

　　2. 招标文件提供了暂估单价的材料，按暂估的单价填入表"暂估单价"栏及"暂估合价"栏内。

表 9-80　综合单价调整表(表-10)

工程名称：　　　　　　　标段：　　　　　　　　　　　　　　第　页 共　页

序号	项目编码	项目名称	已标价清单综合单价/元					调整后综合单价/元				
			综合单价	其中				综合单价	其中			
				人工费	材料费	机械费	管理费和利润		人工费	材料费	机械费	管理费和利润

造价工程师(签章)：　　发包人代表(签章)：　　　造价人员(签章)：　　承包人代表(签章)：

日期：　　　　　　　　　　　　　　　　日期：

注：综合单价调整应附调整依据。

表9-81 总价措施项目清单与计价表(表-11)

工程名称：某五层办公楼 标段： 第 1 页 共 1 页

序号	项目编码	项 目 名 称	计 算 基 础	费率/%	金 额/元	调整费率/%	调整后金额/元	备 注
1	011707001001	安全文明施工费(包括环境保护费、文明施工费、安全施工费、临时设施费、扬尘污染防治增加费)	分部分项安全文明施工费+单价措施安全文明施工费		107 384.27			
2	1	其他措施费(费率类)			49 407.89			
2.1	011707002001	夜间施工增加费	分部分项其他措施费+单价措施其他措施费	25	12 351.97			
2.2	011707004001	二次搬运费	分部分项其他措施费+单价措施其他措施费	50	24 703.95			
2.3	011707005001	冬雨季施工增加费	分部分项其他措施费+单价措施其他措施费	25	12 351.97			
2.4	011707008001	其他						
合 计					156 792.16			

编制人(造价人员)： 复核人(造价工程师)：

注：1. "计算基础"中的安全文明施工费可为"定额基价""定额人工费"或"定额人工费+定额机械费"，其他项目可为"定额人工费"或"定额人工费+定额机械费"。

2. 按施工方案计算的措施费，若无"计算基础"和"费率"的数值，也可只填"金额"数值，但应在"备注"栏中说明施工方案的出处或计算方法。

9.6　其他项目计价表

其他项目计价表见表 9-82～表 9-90。

表 9-82　其他项目清单与计价汇总表(表-12)

工程名称：某五层办公楼　　　　　　　　　　标段：　　　　　　第 1 页 共 1 页

序号	项 目 名 称	金额/元	结算金额/元	备 注
1	暂列金额	0		明细详见表-12-1
2	暂估价	0		
2.1	材料(工程设备)暂估价			明细详见表-12-2
2.2	专业工程暂估价	0		明细详见表-12-3
3	计日工	0		明细详见表-12-4
4	总承包服务费	0		明细详见表-12-5
合　计		0		

注：材料(工程设备)暂估单价进入清单项目综合单价，此处不汇总。

表 9-83　暂列金额明细表(表-12-1)

工程名称：某五层办公楼　　　　　　　　　标段：　　　　　　　　　第 1 页 共 1 页

序号	项目名称	计量单位	暂列金额	备注

注：此表由招标人填写，如不能详列，也可只列暂定金额总额，投标人应将上述暂列金额计入投标总价中。

表 9-84　材料(工程设备)暂估单价及调整表(表-12-2)

工程名称：某五层办公楼　　　　　　　　　标段：　　　　　　　　　第 1 页 共 1 页

序号	材料(工程设备)名称、规格、型号	计量单位	数　量		暂　估/元		确　认/元		差额±/元		备　注
			暂估	确认	单价	合价	单价	合价	单价	合价	

续表

序号	材料(工程设备)名称、规格、型号	计量单位	数量		暂估/元		确认/元		差额±/元		备注
			暂估	确认	单价	合价	单价	合价	单价	合价	
合　计											

注：此表中的"暂估单价"由招标人填写，并在"备注"栏中说明暂估价的材料、工程设备拟用在哪些清单项目上，投标人应将上述材料、工程设备暂估单价计入工程量清单综合单价报价中。

表 9-85　专业工程暂估价及结算表(表-12-3)

工程名称：某五层办公楼　　　　　标段：　　　　　　　　第 1 页 共 1 页

序号	工程名称	工程内容	暂估金额/元	结算金额/元	差额±/元	备注

续表

序号	工 程 名 称	工程内容	暂估金额/元	结算金额/元	差额±/元	备 注
合　计			0.00			

注：此表中的"暂估金额"由招标人填写，投标人应将"暂估金额"计入投标总价中。结算时按合同约定的结算金额填写。

表9-86　计日工表(表-12-4)

工程名称：某五层办公楼　　　　　　　标段：　　　　第 1 页 共 1 页

编号	项 目 名 称	单位	暂定数量	实际数量	综合单价/元	合 价/元	
						暂 定	实 际
一	人工						
1							
人工小计							
二	材料						
1							
材料小计							
三	施工机械						
1							
施工机械小计							
四、企业管理费和利润							
总　计							

注：此表中的"项目名称""暂定数量"由招标人填写，编制招标控制价时，单价由招标人按有关计价规定确定；投标时，单价由投标人自主报价，按暂定数量计算合价计入投标总价中。结算时，按发承包双方确认的实际数量计算合价。

表 9-87　总承包服务计价表(表-12-5)

工程名称：某五层办公楼　　　　　　标段：　　　　　　　　　第 1 页 共 1 页

序号	项 目 名 称	项目价值/元	服务内容	计算基础	费率/%	金额/元
	合　　计					

注：此表中的"项目名称""服务内容"由招标人填写，编制招标控制价时，费率及金额由招标人按有关计价规定确定；投标时，费率及金额由投标人自主报价，计入投标总价中。

表 9-88　索赔与现场签证计价汇总表(表-12-6)

工程名称：　　　　　　　　标段：　　　　　　　　　　　第　页共　页

序号	签证及索赔项目名称	计量单位	数量	单价/元	合价/元	索赔及签证依据
	本页小计					
	合　　计					

注：签证及索赔依据是指经双方认可的签证单和索赔依据的编号。

表9-89　费用索赔申请(核准)表(表-12-7)

工程名称：　　　　　　　　标段：　　　　　　　　编号：

致：＿＿＿＿＿＿＿＿＿＿＿(发包人全称) 根据施工合同条款＿＿＿条的约定，由于＿＿＿原因，我方要求索赔金额(大写)＿＿(小写＿＿＿)，请予核准。

附：1.费用索赔的详细理由和依据：

　　2.索赔金额的计算：

　　3.证明材料：

承包人(章)

造价人员＿＿＿＿＿　　　　承包人代表＿＿＿＿＿　　　　日期＿＿＿＿＿

| 复核意见：
根据施工合同条款　　　　条的约定，你方提出的费用索赔申请经复核：
□不同意此项索赔，具体意见见附件。
□同意此项索赔，索赔金额的计算，由造价工程师复核。

　监理工程师＿＿＿＿＿＿＿＿
　日期＿＿＿＿＿＿＿＿＿＿ | 复核意见：
根据施工合同条款　　　　条的约定，你方提出 的费用索赔申请经复核，索赔金额为(大写)
(小写＿＿＿＿)。

　造价工程师＿＿＿＿＿＿＿＿
　日期＿＿＿＿＿＿＿＿＿＿ |

审核意见：

　　□不同意此项索赔。

　　□同意此项索赔，与本期进度款同期支付。

发包人(章)
发包人代表＿＿＿ 日　期＿＿

注：1. 在选择栏中的"□"内作标识"√"。

　　2. 本表一式四份，由承包人填报，发包人、监理人、造价咨询人、承包人各存一份。

表 9-90　现 场 签 证 表(表-12-8)

工程名称：　　　　　　　　标段：　　　　　　　　编号：

施工部位		日　期	

致：＿＿＿＿＿＿＿＿＿＿＿＿＿＿＿＿＿＿(发包人全称) 根据＿(指令人姓名)＿年＿月＿日的口头指令或你方＿(或监理人)＿年＿月＿日
的书面通知，我方要求完成此项工作应支付价款金额为(大写)＿(小写＿)，请请予核准。

　　附：1. 签证事由及原因：
　　　　2. 附图及计算式：

承包人(章)

造价人员＿＿＿＿　　承包人代表＿＿＿＿　　　　日期＿＿＿＿

复核意见： 你方提出的此项签证申请经复核： □不同意此项签证，具体意见见附件。 □同意此项签证，签证金额的计算，由造价工程师复核。 监理工程师＿＿＿　日　期＿＿＿	复核意见： □此项签证按承包人中标的计日工单价计算，金额为(大写)＿＿元(小写＿元)。 □此项签证因无计日工单价，金额为(大写)＿＿元(小写＿＿)。 造价工程师＿＿＿　日　期＿＿＿

审核意见：
□不同意此项签证。
□同意此项签证，价款与本期进度款同期支付。

发包人(章)
发包人代表＿＿＿＿
日期＿＿＿＿

注：1. 在选择栏中的"□"内作标识"√"。
　　2. 本表一式四份，由承包人在收到发包人(监理人)的口头或书面通知后填写，发包人、监理人、造价咨询人、承包人各存一份。

9.7　规费、税金项目计价表

规费、税金项目计价表见表9-91。

表9-91　规费、税金项目计价表(表-13)

工程名称：某五层办公楼　　　　　　　　标段：　　　　　　　　第 1 页 共 1 页

序号	项 目 名 称	计 算 基 础	计算基数	计算费率/%	金 额/元
1	规费	定额规费+工程排污费+其他	133 148.67		133 148.67
1.1	定额规费	分部分项规费+单价措施规费	133 148.67		133 148.67
1.2	工程排污费				
1.3	其他				
2	增值税	不含税工程造价	8 709 364.19	11	958 030.06
合　计					1 091 178.73

编制人(造价人员)：　　　　　　　　　复核人(造价工程师)：

9.8　工程计量申请(核准)表

工程计量申请(核准)表见表9-92。

表9-92　工程量申请(核准)表(表-14)

工程名称：　　　　　　　　　　标段：　　　　　　　　第 　页共 　页

序号	项目编码	项目名称	计量单位	承包人申报数量	发包人核实数量	发承包人确认数量	备注

续表

序号	项目编码	项目名称	计量单位	承包人申报数量	发包人核实数量	发承包人确认数量	备注

承包人代表： 日期：	监理工程师： 日期：	造价工程师： 日期：	发包人代表： 日期：

9.9　合同价款支付申请(核准)表

合同价款支付申请(核准)表见 9-93～表 9-97。

表 9-93　预付款支付申请(核准)表(表-15)

工程名称：　　　　　　　　　　标段：　　　　　　　　　　编号：

致：＿＿＿＿＿＿＿＿＿＿＿＿＿＿＿＿＿＿＿＿＿＿＿＿(发包人全称)我方根
据施工合同的约定，现申请支付工程预付款额为(大写)＿＿＿＿＿＿＿＿＿＿
(小写＿＿＿＿＿＿＿＿＿)，请予核准。

序号	名称	申请金额/元	复核金额/元	备注
1	已签约合同价款金额			
2	其中：安全文明施工费			
3	应支付的预付款			
4	应支付的安全文明施工费			
5	合计应支付的预付款			

承包人(章)

造价人员＿＿＿＿＿＿　　承包人代表＿＿＿＿＿＿　　日期＿＿＿＿＿＿

复核意见:	复核意见:
与合同约定不相符，修改意见见附件。 　与合同约定相符，具体金额由造价工程师复核。 　　监理工程师＿＿＿＿＿＿＿＿＿＿ 　　日期＿＿＿＿＿＿＿＿＿＿＿＿＿	你方提出的支付申请经复核，应支付预付款金额为(大 写)＿＿＿＿＿＿(小写＿＿＿＿)。 　　造价工程师＿＿＿＿＿＿＿＿＿＿ 　　日期＿＿＿＿＿＿＿＿＿＿＿＿

审核意见:
□不同意。 □同意，支付时间为本表签发后的15天内。 　　　　　　　　　　　　　　　　　　发包人(章) 　　　　　　　　　　　　　　　　　　发包人代表＿＿＿＿＿ 　　　　　　　　　　　　　　　　　　日期＿＿＿＿＿＿＿＿＿＿

注: 1. 在选择栏中的"□"内作标识"√"。
　　2. 本表一式四份，由承包人填报，发包人、监理人、造价咨询人、承包人各存一份。

表 9-94　总价项目进度款支付分解表(表-16)

工程名称:　　　　　　　　　　标段:　　　　　　　　　单位: 元

序号	项目名称	总价金额	首次支付	二次支付	三次支付	四次支付	五次支付	
	安全文明施工费							
	夜间施工增加费							
	二次搬运费							
	社会保险费							
	住房公积金							
合计								

编制人(造价人员):　　　　　　　　　　　　　复核人(造价工程师):

注: 1. 本表应由承包人在投标报价时根据发包人在招标文件明确的进度款支付周期与报价填写，签订合同时，发承包双方可就支付分解协商调整后作为合同附件。
　　2. 单价合同使用本表，支付栏中的时间应与单价项目进度款支付周期相同。
　　3. 总价合同使用本表，支付栏中的时间应与约定的工程计量周期相同。

表 9-95　进度款支付申请(核准)表(表-17)

工程名称：　　　　　　　　标段：　　　　　　　　　　编号：

致：＿＿＿＿＿＿＿＿＿(发包人全称)我方于＿＿＿＿＿＿＿至＿＿＿＿＿＿期间已完成了＿＿＿＿＿＿＿工作，根据施工合同的约定，现申请支付本周期的合同款额为(大写)＿＿＿＿＿(小写＿＿＿＿)，请予核准。

序号	名称	实际金额/元	申请金额/元	复核金额/元	备注
1	累计已完成的合同价款				
2	累计已实际支付的合同价款				
3	本周期合计完成的合同价款				
3.1	本周期已完成单价项目的金额				
3.2	本周期应支付的总价项目的金额				
3.3	本周期已完成的计日工价款				
3.4	本周期应支付的安全文明施工费				
3.5	本周期应增加的合同价款				
4	本周期合计应扣减的金额				
4.1	本周期应抵扣的预付款				
4.2	本周期应扣减的金额				
5	本周期应支付的合同价款				

附：上述 3、4 详见附件清单。

承包人(章)

造价人员＿＿＿＿＿　　承包人代表＿＿＿＿＿　　　日期＿＿＿＿＿

复核意见： 　　与实际施工情况不相符，修改意见见附件。 　　与实际施工情况相符，具体金额由造价工程师复核。 　　监理工程师＿＿＿＿＿＿＿ 　　日期＿＿＿＿＿＿＿	复核意见： 　　你方提出的支付申请经复核，本周期已完成合同款额为(大写)＿＿＿＿(小写＿＿＿)，本周期应支付金额为(大写)＿＿＿＿(小写 　　造价工程师＿＿＿＿＿＿＿ 　　日期＿＿＿＿＿＿＿

续表

审核意见：
□不同意。
□同意，支付时间为本表签发后的15天内。
发包人(章)
发包人代表_____
日　期_____

注：1. 在选择栏中的"□"内作标识"√"。

2. 本表一式四份，由承包人填报，发包人、监理人、造价咨询人、承包人各存一份。

表 9-96　竣工结算款支付申请(核准)表(表-18)

工程名称：　　　　　　　　标段：　　　　　　　　编号：

致：_____(发包人全称)我方于_____至

期间已完成合同约定的工作，工程已经完工，根据施工合同的约定，现申请支付竣工结算合同款

额为(大写)_____(小写_____)，请予核准。

序号	名称	申请金额/元	复核金额/元	备注
1	竣工结算合同价款总额			
2	累计已实际支付的合同价款			
3	应预留的质量保证金			
4	应支付的竣工结算款金额			

承包人(章)

造价人员_____　　　承包人代表_____　　　日期_____

复核意见： □与实际施工情况不相符，修改意见见附件。 □与实际施工情况相符，具体金额由造价工程师复核。 　　监理工程师_____ 　　日　期_____	复核意见： 　　你方提出的竣工结算款支付申请经复核，竣工结算款总额为(大写)_____ (小写_____)，扣除前期支付以及质量保证金后应支付金额为(大写)_____ (小写_____)。 　　造价工程师_____ 　　日　期_____

续表

审核意见： □不同意。 □同意，支付时间为本表签发后的15天内。 发包人(章) 发包人代表＿＿＿＿＿＿＿＿＿＿＿＿＿＿＿＿＿＿＿＿＿＿ 日期＿＿＿＿＿＿＿＿＿＿＿＿＿＿＿＿＿＿＿＿＿＿＿＿

注：1. 在选择栏中的"□"内作标识"√"。

　　2. 本表一式四份，由承包人填报，发包人、监理人、造价咨询人、承包人各存一份。

表 9-97　最终结清支付申请(核准)表(表-19)

工程名称：　　　　　　　　　标段：　　　　　　　　　编号：

致：＿＿＿＿＿＿＿＿＿＿＿＿＿＿＿＿＿＿＿＿(发包人全称)我方于＿＿＿＿＿＿＿＿至＿＿＿＿＿

期间已完成了缺陷修复工作，根据施工合同的约定，现申请支付最终结清合同款额为(大写)＿＿＿＿

(小写＿＿＿＿＿＿)，请予核准。

序号	名称	申请金额/元	复核金额/元	备注
1	已预留的质量保证金			
2	应增加因发包人原因造成缺陷的修复金额			
3	应扣减承包人不修复缺陷、发包人组织修复的金额			
4	最终应支付的合同价款			

上述 3、4 详见附件清单。

承包人(章)

造价人员＿＿＿＿＿＿＿　　　　承包人代表＿＿＿＿＿＿＿　　　　日期＿＿＿＿＿＿＿

复核意见： □与实际施工情况不相符,修改意见见附件。 □与实际施工情况相符，具体金额由造价工程师复核。 监理工程师＿＿＿＿＿＿＿ 日期＿＿＿＿＿＿＿＿＿＿	复核意见： 　你方提出的支付申请经复核，最终应支付金额为(大写)＿＿＿＿＿＿(小写＿＿＿＿＿＿＿)。 造价工程师＿＿＿＿＿＿＿ 日期＿＿＿＿＿＿＿＿＿＿

审核意见：

□不同意。

□同意，支付时间为本表签发后的15天内。

发包人(章)

发包人代表＿＿＿＿＿＿＿＿

日期＿＿＿＿＿＿＿＿＿＿＿＿

注：1. 在选择栏中的"□"内作标识"√"。如监理人已退场，"监理工程师"栏可空缺。

　　2. 本表一式四份，由承包人填报，发包人、监理人、造价咨询人、承包人各存一份。

9.10　主要材料、工程设备一览表

主要材料、工程设备一览表见表9-98～表9-100。

表9-98　发包人提供材料和工程设备一览表(表-20)

工程名称：某五层办公楼　　　　　　　标段：　　　　　　　第 1 页 共 1 页

序号	材料(工程设备)名称、规格、型号	单位	数 量	单价/元	交货方式	送达地点	备 注

注：此表由招标人填写，供投标人在投标报价、确定总承包服务费时参考。

表 9-99　承包人提供主要材料和工程设备一览表(表-21)

工程名称：某五层办公楼　　　　　　标段：　　　　　　第 1 页 共 1 页

序号	名称、规格、型号	单位	数　量	风险系数 /%	基准单价 /元	投标单价 /元	发承包人确认 单价/元	备　注

注：1. 此表由招标人填写除"投标单价"栏的内容，投标人在投标时自主确定投标单价。

　　2. 招标人应优先采用工程造价管理机构发布的单价作为基准单价，未发布的，通过市场调查确定其基准单价。

表 9-100　承包人提供主要材料和工程设备一览表(表-22)

工程名称：某五层办公楼　　　　　　标段：　　　　　　第 1 页 共 1 页

序号	名称、规格、型号	变值权重 B	基本价格指数 F_0	现行价格指数 F_t	备　注

续表

序号	名称、规格、型号	变值权重 B	基本价格指数 F_0	现行价格指数 F_t	备　注
	定值权重 A				
合　计		1			

注：1."名称、规格、型号""基本价格指数"栏由招标人填写。基本价格指数应首先采用工程造价管理机构发布的价格指数，没有时，可采用发布的价格代替。如人工、机械费也采用本法调整，由招标人在"名称"栏填写。

　　2."变值权重"栏由投标人根据该项人工、机械费和材料、工程设备价值在投标总报价中所占的比例填写，1 减去其比例为定值权重。

　　3."现行价格指数"按约定的付款证书相关周期最后一天的前 42 天的各项价格指数填写，该指数应首先采用工程造价管理机构发布的价格指数，没有时，可采用发布的价格代替。

第 9 章课件.pptx